数学から創る ジェネラティブアート

Processing で学ぶ かたちのデザイン

巴山竜来

```
int num = 100;
int mod = 20;
int gen = 0;
int[][] state = new int[num][num];
void setup(){
  size(500, 500);
  colorMode(HSB, 1);
  initialize();
}
void draw(){
  drawCell();
  updateState();
  if (gen == 187){
    noLoop();
  }
  gen++;
}
void initialize(){
  for (int i = 0; i < num; i++){
    for (int j = 0; j < num; j++){
      state[i][j] = 0;
    }
  }
  state[0][0] = 1;
}
void drawCell(){
  float scalar = (float) height / num;
  float y = 0;
  float x;
  for (int i = 0; i < num; i++){
    x = 0;
    for (int j = 0; j < num; j++){
      noStroke();
      float col = state[i][j] * 1.0 / mod;
      fill(col, col, 1);
      rect(x, y, scalar, scalar);
      x += scalar;
    }
    y += scalar;
  }
}
void updateState(){
  int[][] nextState = new int[num][num];
  for (int i = 0; i < num; i++){
    for (int j = 0; j < num; j++){
      nextState[i][j] = transition(i, j);
    }
  }
  state = nextState;
}
int transition(int i, int j){
  int nextC;
  nextC = state[(i - 1 + num) % num][j]
    + state[i][(j - 1 + num) % num]
    + state[i][j]
    + state[i][(j + 1) % num]
    + state[(i + 1) % num][j];
  nextC = nextC % mod;
  return nextC;
}
```

技術評論社

- 本書に記載された内容は、情報の提供のみを目的としています。したがって、本書の記述に従った運用は、必ずお客様ご自身の責任と判断によって行ってください。これらの情報の運用の結果について、技術評論社および著者は、如何なる責任も負いません。

- 本書に記載の情報は2019年3月現在のものを掲載していますので、ご利用時には変更されている場合もあります。また、ソフトウェアに関する記述は、特に断わりのない限り、2019年3月現在でのバージョンをもとにしています。ソフトウェアはバージョンアップされることがあり、その結果、本書での説明とは機能内容や画面図などが異なってしまうこともあり得ますので、ご了承ください。

- 掲載されているプログラムの実行結果につきましては、万一、障碍等が発生しても、技術評論社および著者は一切の責任を負いません。

- 以上の注意事項をご承諾いただいた上で、本書をご利用願います。これらの注意事項をお読みいただかずにお問い合わせをいただいても、技術評論社および著者は対処しかねます。あらかじめご承知おきください。

- 第1章から第14章では文に数式を含むため、読点・句点が「，．」で統一されています。それ以外の本文では「、。」で統一されています。

- 本文中に記載されている会社名、製品名は、すべて関係各社の商標または登録商標です。

序文

　ジェネラティブアートとは何か？一言で言うならば、それは科学と芸術をつなぐ橋です。そしてこの橋はプログラミングによって作られます。この本では数学の視覚表現に焦点を当て、プログラミング言語 Processing によるジェネラティブアートの実践手法を提示しています。この本で扱う数学は高校で学修するレベルの数学から出発していますが、数学からすでに離れてしまった読者にも配慮し、復習的内容を多く盛り込んでいます。理工系以外の大学生から社会人まで多くの層が読むことを想定し、体系的に数学と視覚表現が学べることを目指して書かれています。

　本文に入る前に、科学と芸術のつながりについてもう一度考えてみましょう。近年この二つの融合領域は注目を集めていますが、そもそも融合というのはどういったレベルで、どういったバランスで可能なのでしょうか。例えば数学は科学の一部ですが、純粋数学と呼ばれるような理論的な数学分野ではそもそも自然物を研究しているわけではなく、その研究対象すら理解するのが困難です。それがなんらかの生物や物質、自然現象であったりすると、詳しいことは分からないにせよ、それがどんなものなのかイメージすることが可能かもしれませんが、「高次元のかたち」と言われてもなかなかそれをイメージすることができません。なぜならそれそのものは写真に撮ったり、絵に描いたりすることができず、あくまで数学的な概念だからです。数学は数や図形のような極めてシンプルな対象から出発し、それを抽象化・一般化して世界を広げてきました。研究対象を理解するのにも、そういった基礎からの積み上げをたどる必要があります。さらに「何を」研究しているのかが分かったとしても、「なぜ」それが面白いのかを理解するにはさらなる深い理解が必要です。現代の数学の難しさはこういった部分にあります。

　一方、芸術は美しさや感動といった人間の感性や感情をその原点としつつも、そこには文脈があります。芸術作品はそれ単体で存在しているわけではなく、それが属する分野での立ち位置や批評性、作家の背景や社会状況が絡んだ上で評価がされます。現代アートはその最たる例で、抽象絵画やミニマルアートが「何を」描こうとしているのか、「なぜ」それが世界的に評価されて重要なのかを理解するには美術史の知識が必要とされます。

　このように、現代の科学と芸術は双方ともに高度な文脈の上で成り立っています。科学と芸術の交流という場合、深いレベルでの科学的知見と芸術的価値を両立させるべきですが、それ

は容易ではありません。科学を説明するための図や取って付けた芸術作品の科学的解釈は両立とは言えないでしょう。そもそも論理に基づく科学的手法と直観に基づく芸術的手法では、一見水と油のように見えます。とくに日本の教育制度ではこの二つは完全に分かれており、両者の間には大きな溝があります。

　しかし科学と芸術は全く別物かというと、それは正しくありません。科学の中にも芸術的要素はあり、同様に芸術の中にも科学的要素はあります。数学に関していえば、バッハの音楽やエッシャーの絵画、イスラム文化での装飾など数学との関連性が指摘される作品の例は枚挙にいとまがありません。一方、数学理論には「美」と言わざるをえない驚くべき整合性と調和があります。

　科学と芸術の交流可能性を考えたとき、そのキーとなるのが技術です。コンピュータの発展に伴い、情報技術による表現技法は大きく進化しました。ジェネラティブアートはその中で生まれた一つの表現手法、および芸術形態です。その呼称はまだ広く浸透していませんが、ジェネラティブアートは可能性に溢れていると著者は考えています。なぜなら「コンピュータと相性のいい科学分野」は未だ科学全体の中のごく一部であり、科学とコンピュータの間にはまだまだ開拓の余地が残されている、そしてそれは日々刻刻と拡張されているからです。例えば昨今のデータサイエンスの隆盛に伴い、数値計算に関する数学およびコンピュータでの実装は急速に進展していますが、あくまでそれは数学の一側面に過ぎず、その奥に広がる数学の世界にはまだ応用されていないアイデアが数多く眠っています。この本を通して、そういった科学と芸術をつなぐ手法の可能性に触れてみましょう！

本書のねらいと方針

　この本は以下のような読者を想定して書かれています。

・数学のアイデアをデザインやアートに応用したい
・プログラミングに使える（実装できる）数学を知りたい
・高校の数学を視覚的に表現したい
・高校の数学よりもう少し先にある数学を知りたい
・平面のタイル張りの数理と実装に興味がある

まずは本書の絵を眺め、気になったプログラムを動かしてみましょう。本書で扱うプログラムの一部は以下のwebサイトで公開されており、プログラミング環境を用意せずともweb上でプログラムを動かすことも可能です。

https://www.openprocessing.org/user/57914

これらのプログラムの多くはマウスやキーボードの操作に応じて絵が動きます。プログラムの仕組みはコードと呼ばれる命令文に書かれており、またそれはシンプルな数学的アイデアが元

になっています。この本では、そういった作例を通じ、プログラミングを使って数学から絵をつくることを学びます。

　本書で扱うプログラミング言語 Processing はプログラミング初心者向けに設計された、シンプルで分かりやすい、視覚表現に特化した言語です。大学でもプログラミングの導入教育教材としてよく使われています。初心者向けといってもその自由度は高く、プロフェッショナルの現場でも使われているたいへん有用な言語です。本書はプログラミング初心者が読めることを目指して書きましたが、プログラミング学習がその目的ではなく、プログラミングを用いた数学の視覚表現に主眼を置いています。そのため本書はプログラミングの技術解説としては不十分な点もありますが、技術的な部分をカバーしたい場合、他の Processing の入門書（巻末参考文献［RF］など）や web 上の様々な解説サイトを併用して読み進めることをおすすめします。

　本書で扱う数学は、2部構成のうち第Ⅰ部は高校の数学＋α、第Ⅱ部は入門的な大学の数学レベルの内容です。学校を卒業してから数学に触れていない読者にとっては、数学といえば計算や証明によって正しい答えを導く作業を思い出すかもしれません。確かに数学は厳密な学問であり、その理解には地味な作業の積み重ねは必要不可欠なのですが、それは一つの側面に過ぎず、自然現象を理解する枠組みにもなれば絵を描く道具にもなるとても根本的な学問です。方程式、三角関数、ベクトル、数列など、高校で習う数学はどれも味気ないものに感じるかもしれませんが、ここに挙げたものはすべて本書の絵作りの骨格をなすものです。プログラミングを通じてそれらを使うことで、その有用性に触れることをこの本では目指しています。高校の数学を忘れてしまった読者にも配慮し、簡単なおさらいや理解を助ける図もなるべく多く載せました。

■ プログラミングや数学に慣れている読者への補足

　Processing は JAVA をもとにしています。JAVA をグラフィックスに特化し、簡易的にしたものが Processing です。そのため JAVA やそれに似たプログラミング言語に慣れている方にとっては、習得は難しくないでしょう。またこの本ではとくに平面グラフィックスに焦点を当てています。Processing のすべての機能に万遍なく触れているわけではなく、3D や画像処理、映像については本書で触れていません。

　数学に関して、本書では代数学に関する話題を中心に扱っています。数学の可視化に関しては、微分幾何学や解析学、データサイエンスなど他にも様々なアプローチがありますが、それらについては扱っていません。本書からつながるさらに進んだ話題への導入を註として簡単に書いていますので、興味を持った読者はここから深めていくことをおすすめします。本書の性質上、数学的に厳密な議論については省略している箇所が多々ありますが、それらを補うための参考文献は巻末に記載しています。

■ サンプルコードについて

　この本で使うサンプルコードは、先に挙げた OpenProcessing サイト上で一部公開されていますが、OpenProcessing ではすべてのサンプルコードプログラムを動かすことはできません。以

下のサイトでは本書で使うすべてのサンプルコードをダウンロードすることができます。

https://gihyo.jp/book/2019/978-4-297-10463-4/support

これらをPC上で動かすためにはProcessing開発環境を用意する必要があります。本書第0章ではその導入方法を簡単に書いています。また本書のサンプルコードは、2019年3月時点でのProcessing安定リリース版であるver3.4、ver3.5.3で、Mac・Windows上において動作確認をしています。

本文中でサンプルコードは、例えば第1章ではDivRectのように表記されています。これは以下のサンプルコードに対応しています。

- OpenProcessingの"Ch1_DivRect"
- ダウンロードした"Ch1_Euclid"フォルダに含まれる"DivRect"フォルダ内のpdeファイル

またサンプルコードと併記したアイコンは、次のような意味を持ちます。

- ：マウス（スマホならば指）の動作（クリックやドラッグなど）に反応するプログラム
- ：キーボードによる入力に反応するプログラム
- ：controlP5ライブラリを使うプログラム（OpenProcessingには未対応）

■ 本文中の表記について
- 本書では理解を確かめる・深めるための課題を用意しています。これらは3つにレベル分けされており、＊印が増えるほど難易度が増します。略解、およびヒントを巻末に載せています。
- 本文中で参照する参考文献は［RF］のように略記されています。対応する文献は巻末にそのリストを記載しています。

作品事例：本書の技法を応用した作品

この本からどういったものが作れるのか？
そのイメージを掴むため、本書の技法を応用して作った作品を紹介します。

ユークリッド互除法（第 1 章）

ユークリッド互除法は 2 つの数の最大公約数を求めるアルゴリズムですが、それは四角形の分割によって可視化することができます。この絵はユークリッド互除法を使った「長方形の正方形による分割」、「正方形の長方形による分割」を組み合わせて再帰的に分割し、透過色を重ねて描いています。

作品事例：本書の技法を応用した作品

黄金分割 （第 2 章）

分数の分母に分数が連なる数のことを連分数といいます。ユークリッド互除法の可視化は、実は連分数の可視化でもあります。黄金数と呼ばれる循環連分数を使って四角形を分割 (黄金分割) すれば、自己相似性を持つ分割が得られます。この絵では黄金分割を再帰的かつ確率的に繰り返し、モンドリアンの絵画を模して配色しています。

フィボナッチ数列 （第 3 章）

フィボナッチ数列は単純な漸化式からなる数列ですが、この数列の隣り合う数の比をとると黄金数を近似します。これは辺の長さがフィボナッチ数となる正方形を敷き詰めることで可視化できます。渦を巻くように正方形を敷き詰めれば、そこには対数らせんと呼ばれる自己相似性を持つらせんが表れます。

対数らせん（第 4 章）

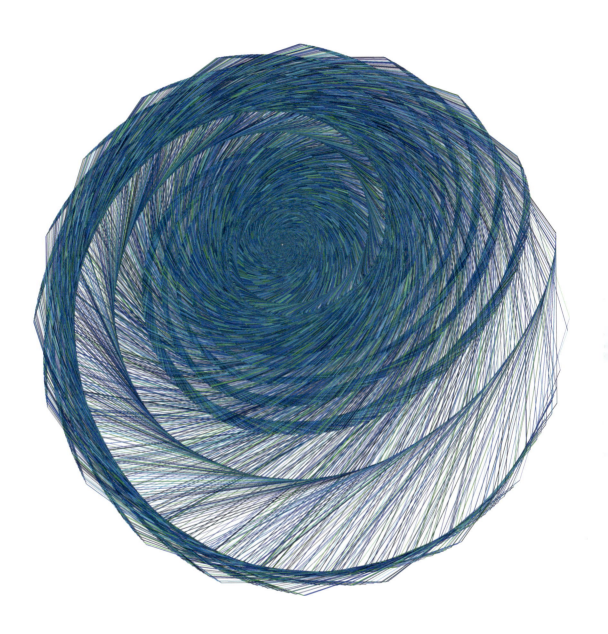

対数らせんは再帰性と関係があります。ある描画操作を繰り返し行えば、そこにはしばしば対数らせんが表れます。この絵では正多角形に内接する正多角形を再帰的に描画していますが、この渦巻き模様は対数らせんを近似しています。

フェルマーらせん（第5章）

フェルマーらせんと呼ばれるらせんを一定角度ずつ回転しながら点を取れば、連分数近似を可視化することができます。この絵では黄金数角度の回転から点をとり、それをドロネー分割と呼ばれる手法によって点をつないでいます。この点の配列規則には、黄金数の連分数としての性質が関連しています。

合同算術 （第 6 章）

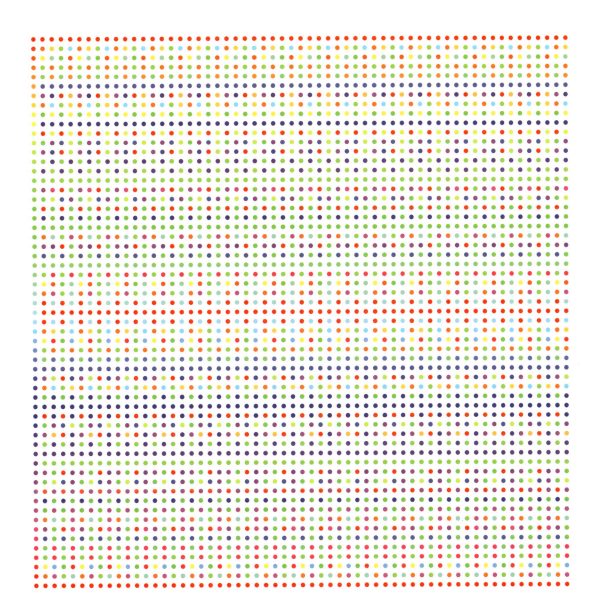

図形に合同関係があるように、割り算の余りを考えることで、数にも合同関係を考えることができます。このような合同関係が与えられた数の体系は有限個の元からなり、足し算・かけ算のような算術を考えることができます。この絵は合同算術のべき乗法を可視化したものです。この配色ルールには合同算術に関する定理が関係しています。

フィボナッチ数列（第5章）＋つづれ織り

布地を作る織りの図案は、格子状に並べられたマス目を配色して作られます。正方形をフィボナッチ数のマス目で区切り、それをフィボナッチ数列を使って正方形、または長方形で分割すれば、フィボナッチ数列を使った織りの図案が得られます。ここではつづれ織りと呼ばれる手織り技法によって、この図案を織っています。（制作：藤野華子）

セルオートマトン（第7章）＋ジャカード織り

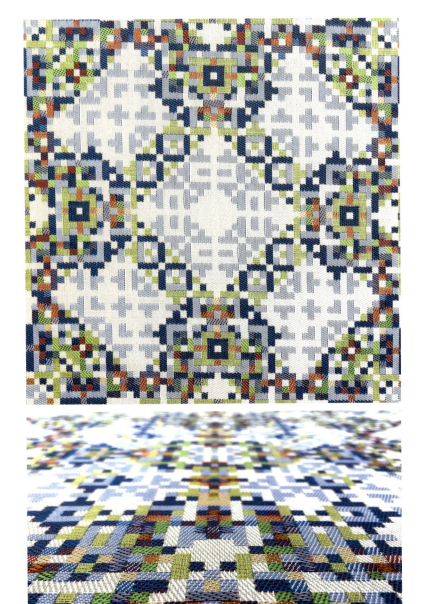

何らかの状態を持つマス目はセルと呼ばれます。また格子状に並んだセルの状態があるルールに従って変化するシステムを、セルオートマトンと呼びます。状態を数で表し、それに対応して配色を決定すれば、セルオートマトンは模様を生成します。ここではジャカード織りと呼ばれる機械織りによって、この図案を織っています。

行列 (第 8 章)

縦・横に並べられた数の配列を行列と呼びます。平面上のセルの状態は行列で表すことができます。この絵では行列のかけ算によって得られたセルの状態に対し、それに応じて色と模様を割り当てています。織り機で布生地を織るための組織図も、行列のかけ算を使って得られます。
(セルの模様には『Generative Design』[BGLL]P.2.3.6 のモジュール素材を使用)

ベジエ曲線 (第9章)

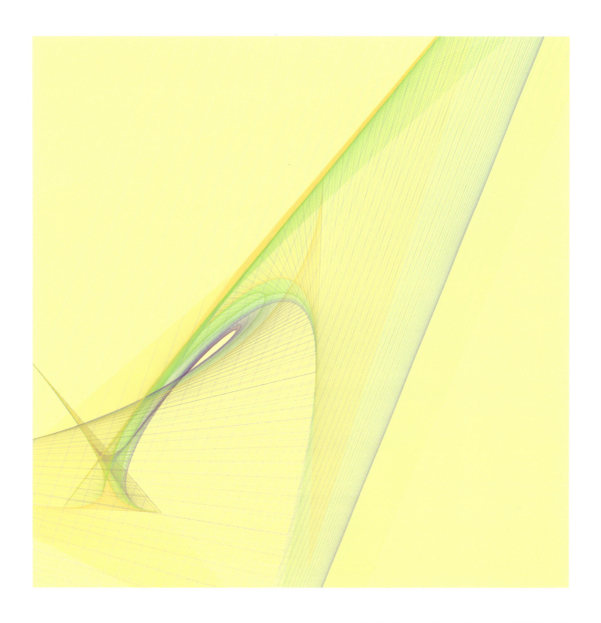

ベジエ曲線は、コンピュータグラフィックスで曲線を描くときによく使われる曲線です。これは制御点と呼ばれる点によって定められる曲線であり、点の数に応じて曲がり方の複雑度(曲線の次数)が変わります。多くのCGソフトウェアでは3次の曲線、つまり4つの点から定まるベジエ曲線に対応していますが、プログラミングによって高次のベジエ曲線を描くことが可能です。

二面体群（第 9 章）

正多角形は回転しても、ひっくり返してもかたちが変わらない対称性を持っています。こういった対称性は群と呼ばれる構造によって表すことができます。二面体群は正多角形の対称性に関する群ですが、基本パターンをこの群に従って変換しコピーすることで、この対称性を持つ模様を作ることができます。

正六角形セルオートマトン（第 10 章）

六角格子と呼ばれる 60°で交差する格子上に正六角形を並べると、正六角形による平面のタイリングができます。この正六角形タイリングに対しても、正方形の場合と同様にセルオートマトンを考えることが可能です。

タイリングの変形（第 11 章）

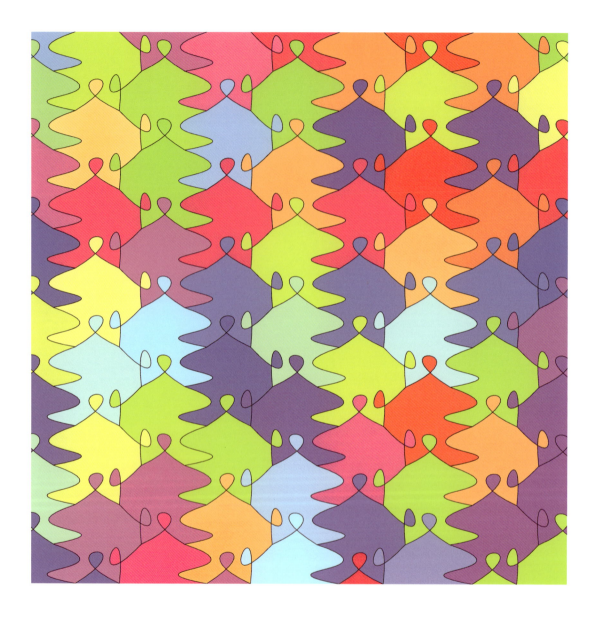

正方形や正六角形によるタイリングに対し、そのタイルの頂点や辺をうまく変形すれば、変形タイルによるタイリングが得られます。これは 1 つのタイルを回転や鏡映、平行移動してコピーすることによって、タイリング全体を構成することができます。こういった性質を持つタイリングは等面タイリングと呼ばれており、そのすべてのパターンは分類されています。

タイルのモーフィング

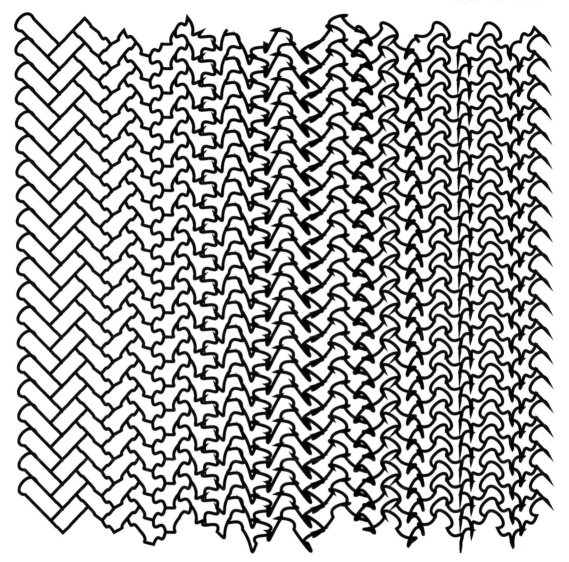

021

壁紙群（第 12 章）

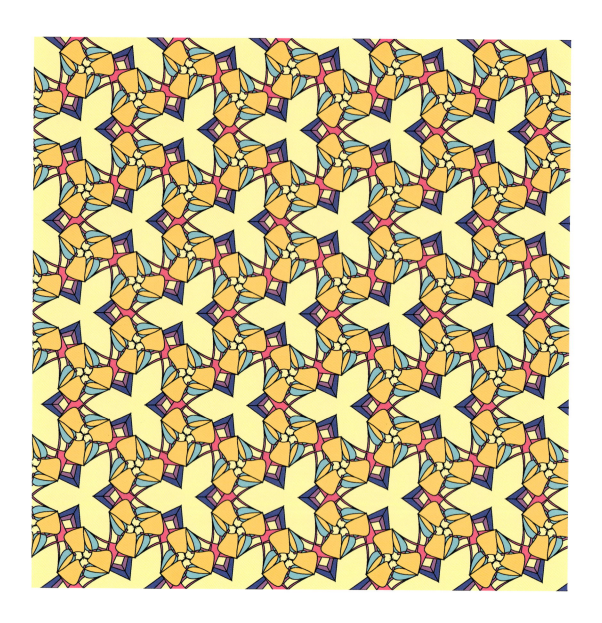

2 方向に平行移動しても変化しない性質を持つタイリングは、その対称性に関する群 (壁紙群) によって分類されています。基本パターンを定め、それを壁紙群に従って変換しコピーすることで、対称性を持つ平面全体の模様を作ることができます。

半正則タイリング（第 13 章）

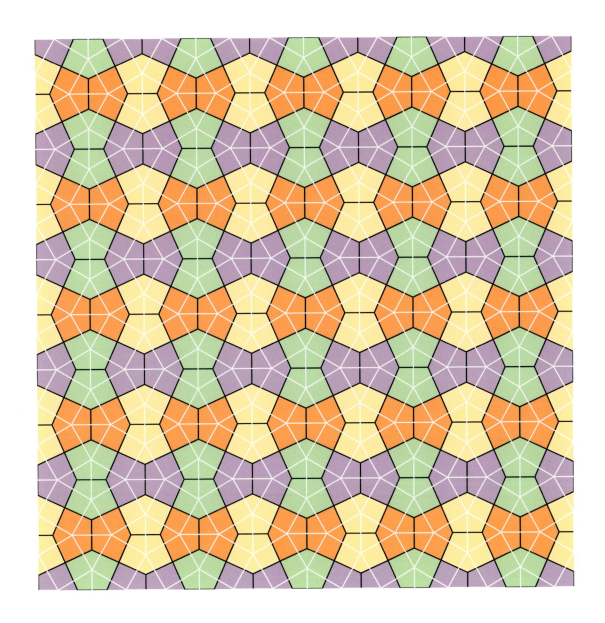

2 種類の正多角形によるタイリングは半正則タイリングと呼ばれます。この絵では白色で縁取ったタイリングが正三角形と正方形による半正則タイリングです。この半正則タイリングに対し、辺と辺、面と頂点を対応させる双対関係から、五角形による等面タイリングが得られます。

準周期タイリング（第 14 章）

周期性とは平行移動してもかたちを変えない性質のことですが、周期性を持たず、なおかつ何らかの規則性を持つタイリングを準周期タイリングと呼びます。準周期タイリングは再帰性と関係しています。このタイリングはペンローズタイリングと呼ばれる準周期タイリングであり、これは長辺と短辺の比が黄金比であるような二等辺三角形を再帰的に分割して構成することができます。

模様付きタイルのタイリング

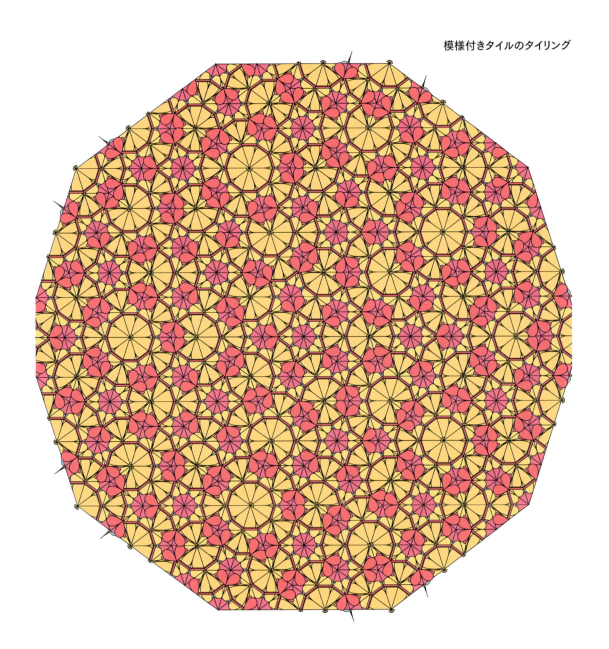

目次

序文……003

作品事例：本書の技法を応用した作品……007

第0章　導入……028

第Ⅰ部　数：＋−×÷がつくるかたち……045

第❶章　ユークリッド互除法……046
　　1.1　アルゴリズム……047
　　1.2　可視化……050
　　1.3　再帰……057

第❷章　連分数……068
　　2.1　有理数と連分数……069
　　2.2　循環連分数と自己相似性……070
　　2.3　無限級数……080

第❸章　フィボナッチ数列……084
　　3.1　循環連分数と漸化式……085
　　3.2　フィボナッチ数列と黄金数……087

第❹章　対数らせん……096
　　4.1　らせん……097
　　4.2　自己相似性……100
　　4.3　対数らせんと再帰性……103

第❺章　フェルマーらせん……116
　　5.1　離散的ならせん……117
　　5.2　連分数近似の可視化……120

第❻章　合同な数……128
　　6.1　合同関係……129
　　6.2　合同算術……131

第❼章　セルオートマトン……140
　　7.1　パスカルの三角形……141
　　7.2　1次元セルオートマトン……146
　　7.3　2次元セルオートマトン……152

作品事例：3Dグラフィックス……159

第Ⅱ部 タイリング：
対称性・周期性・双対性・再帰性がつくるかたち……179

第8章 行列の織りなす模様……180
- 8.1 織り……181
- 8.2 行列……185
- 8.3 対称性……191
- 8.4 周期性……196

第9章 正多角形の対称性……200
- 9.1 寄木細工……201
- 9.2 対称性を持つ模様……207

第10章 正多角形によるタイリング……214
- 10.1 タイル張り……215
- 10.2 格子……217
- 10.3 正六角形セルオートマトン……224

第11章 正則タイリングの変形……228
- 11.1 頂点の移動による変形……229
- 11.2 エッシャーの技法……234
- 11.3 フラクタルタイリング……241

第12章 周期性と対称性を持つ模様……246
- 12.1 万華鏡……247
- 12.2 六角格子の周期性を持つ模様……250

第13章 周期タイリング……260
- 13.1 ピタゴラスタイリングとフィボナッチチェイン……261
- 13.2 半正則タイリングとその双対……268

第14章 準周期タイリング……276
- 14.1 黄金三角形……277
- 14.2 ペンローズタイリング……281

参考文献……290
課題の略解またはヒント……294
あとがき……296
索引……298

第 0 章　導入

> "人間は道具を作ることによって、生まれ持った能力を劇的に増幅できる"
> 映画『スティーブ・ジョブズ 1995〜失われたインタビュー〜』より

　この本は数学とその視覚表現について書かれた本です。もう少し詳しく言うと、**数学的な対象を絵で表す方法**と、**それをコンピュータで描画するための道具作り**を目的とした本です。皆さんは算数・数学の授業で、コンパスと定規を使った作図を習ったことだと思いますが、これが最も基本的な数学の視覚表現です。コンパスと定規は数学的な対象を絵に表すための最も古くからある道具であり、それは遡ると古代ギリシャ時代まで辿ることができます。コンパスは円、定規は直線を描くことができますが、これを組み合わせると様々な図形を描画することができます。コンパスと定規を使ってどのように図形を描くか、といった問題をきっかけに数学は発展してきました。このような道具がなければ、そもそも今日の数学は全く違ったものになっていたでしょう。つまり、**道具は数学、ひいては人間の創造性に大きく寄与してきた**のです。

　しかしコンパスと定規は人間が手で使うための道具ですので、その描画には限界があります。数学的には正 65537 角形は作図可能であることは知られていますが、それを実際にコンパスと定規を使って描くにはおそろしい作業量と精密さが必要になることが容易に想像できます。ここでコンピュータを使えば、こういった人間の手作業を超えた膨大な作業が可能となります。つまりコンピュータは「コンパスと定規と人間の手」を超えた道具なのです。そしてその道具は**プログラミングによって作られます**。ここでプログラミングとはコンピュータの作業手順を文に書くことであり、その文に沿ってコンピュータは実行します。このようにプログラミングによって作られた道具はソフトウェアと呼ばれ、今日の私たちの快適な生活はパソコンやスマホなど様々なコンピュータ上のソフトウェアによって成り立っています。絵を描くためのソフ

トウェアは Adobe 社の製品をはじめ便利で多機能な道具がすでに多く存在しますが、この本はそういった**道具の使い方ではなく、作り方を理解する**ための本です。

0.1　プログラミング

　この本は数学をテーマにした本ですが、デザイナーやアーティストなど、コンピュータを使った視覚表現を行う方全般を対象にしており、デザインやアートで現れる様々なかたちや模様を題材に、それが生まれる数理的な背景を紹介しています。ものづくりに携わる方には、プログラミング、つまり道具を作ることよりも、それを使いこなすことの方が大事なように思うかもしれません。しかし道具を作ることは、創作に大きなインスピレーションを与え、強力な武器になることでしょう。なぜなら、数学と道具の関係でも見たように、**道具と創作は常に両輪で発展してきており、道具は創造性にも大きな影響を与える**からです。

　例えば現在グラフィックデザインソフトのデファクトスタンダードである Adobe 社の Illustrator は、本来プログラミングして描かなければならなかったコンピュータグラフィックスを、マウスの操作だけで簡単に描けるようにしました。1つの円をディスプレイに表示するのにも、実はコンピュータの内部では煩雑な計算処理を行っているのですが、Illustrator を使えばマウスを動かすだけで簡単に描くことができます。これによってグラフィックデザインの裾野は大きく広がりました。こういった便利な道具がすでにあるのに、わざわざ難しそうなプログラミングを習得する意味はあるのでしょうか？

　たしかに簡単な図形や文字を描いたり、組み合わせて配置するには、Illustrator はとても便利です。実際、この本でも簡単な図は Illustrator を使ってマウスで描いています。しかし Illustrator のマウス操作による描画は「半径と位置を少しずつ変えながら円を千個描く」といった操作には向いておらず、これをマウスで描くには長い時間と強い忍耐力が要求されます。**プログラミングはこういった面倒で手間がかかる処理を行うのに効果を発揮します**。プログラミングによってこのような描画も瞬時に実行でき、人間は時間と忍耐力の制約から解放され、この新しい手法を土台とした視覚表現が可能になります。

　マウス（スマホならば指）によるコンピュータの操作は GUI と呼ばれ、現在多くのソフトでは標準的となっています。むしろ普通にパソコンやスマホを使う上で、これらがプログラミングによって動いていると意識することはないでしょう。なぜなら GUI による利便性は、プログラミングというコンピュータ独自の取っつきにくさを隠ぺいした上で成り立っているからです[*1]。しかしこれは利便性と引き換えに、プログラミング本来の強さ・自由さが制限されているのです。これはつまり**便利な道具はその道具の持つ本来の可能性を犠牲にしている**、ということでもあります。

　例えば「鉛筆削り器」は鉛筆を削るのにはとても便利な道具ですが、鉛筆削り器では紙を切っ

[*1]　この「ややこしいことは箱の中に入れて使いやすくする」というのは現在のソフトウェア設計、もしくはオブジェクト指向プログラミングの基本的な考え方のひとつです。

たり、木を彫ったりすることはできません。しかし鉛筆削り器で使われているナイフは、本来鉛筆を削るために限定されたものではなく、様々な用途に使える自由度を持っています。美大受験を経験したことがある人はデッサンで鉛筆を使う機会があったことだと思いますが、その鉛筆を鉛筆削り器で削っていた人はほとんどいないでしょう。ナイフで鉛筆を削るのは面倒ですが、これによって描画の表現力が大きく増すからです。プログラミングを学ぶ有用性は、こういった普段使っている道具の本来の可能性に気付けることにあります。

■ プログラミング言語

　ではプログラミングはどのようにして行うのでしょうか。そもそもコンピュータは人間ではないので、コンピュータにはコンピュータの言葉で話しかける必要があります。そのための言葉がプログラミング言語と呼ばれるものです。世界には日本語・英語・中国語など多数の言語があるように、コンピュータにも多数の言語があります。この本で扱う **Processing** というプログラミング言語は、とくに絵を描くことに向いた言語です。例えば他の言語で半径 1 の円を描くとき

「コンパスをどこそこの引き出しから出して、コンパスの針を長さ 1 に広げて、
時計回りに 1 周させろ」

という命令が必要だったとしても、Processing だと

「半径 1 の円を描け」

で済ますことができます。こういった簡便性のため Processing はプログラミング初心者でも扱いやすく、また描き上がった絵もすぐに見て楽しむことができます。Processing ではプログラムを書くこと、またはそのファイルを「スケッチ」と呼びますが、**スケッチ感覚で絵を描けることが Processing の魅力**です。

　Processing は営利企業が提供する「商品」ではなく、誰でも開発に参加でき、誰でも無料で使うことができるオープンソースプロジェクトです。多くの人の技術提供や寄付によるコミュニティへの貢献により成り立っています。

■ アルゴリズム

　コンピュータとは直訳すると計算機のことです。皆さんは電卓で数の計算をすることがあると思いますが、スマホもパソコンも要は複雑な計算処理のできる電卓です。電卓はそれ自体が問題を解くわけではないように、コンピュータで問題を解くためにはその手続きが必要です。そういった、ある目的達成のための手続きを**アルゴリズム**と呼びます。例えば、中学の数学で習ったように、線分の垂直二等分線をコンパスと定規で引くためには

1. 線分の端点を中心とした十分大きい同じ半径の円を描く
2. 二つの円の交点を定規で結ぶ

という手順が必要です。プログラミングで絵を描くというのは、こういった**アルゴリズムをプログラミング言語で書き、それらを組み合わせてコンピュータに描画させる**ことです。

0.2 　数学の可視化

　コンピュータが登場する二千年以上も前から、こういったアルゴリズムや作図方法に関する研究は数学で行われてきました。古代ギリシャでは、コンパスや定規を使ってどのように正多角形を描くか、角度を等分することは可能か、といった作図問題が大きな問題でした。そもそも**絵を描くことと数学は本来切っても切り離せない関係にあった**のです。コンパスと定規を使った正多角形の作図については、1800 年頃にガウスによってその作図可能性が解決されます。「コンパスと定規を使って正多角形を描く」という至って単純そうに見える問題の中にも、多くの人々が長い年月をかけても解明できなかった深い謎が隠されていたのです。こういった単純なルールの中にも、深遠な世界が広がっていることが数学の醍醐味の一つです。

■ 抽象化

　しかし現在において、絵を描くことと数学は関係のないもののようにも見えます。今ではコンパスなんて算数・数学の授業以外で使ったことはない、という人が多いのではないでしょうか。その理由は古代ギリシャを起源とした数学の発展の歴史にあります。数学は発展に伴って**高度に抽象化し、人間の目で見えるもの以外を研究の対象とするようになった**のです。例えばコンパスと定規による正多角形の作図の問題は、本書第 II 部で扱う「群」と呼ばれる数学的構造の問題に還元され、作図可能性の問題は実際に手を動かして作図をせずとも、群を調べればそれが分かるようになりました。つまり数学の研究対象は作図という行為から群という抽象的な数学的構造に移ったのです。構造は特定の対象に依存せず、様々な対象に適応可能な**普遍性**をもっています。この数学の抽象化の流れは数学の大きな発展を促しましたが、「数学の世界」と「絵の世界」には大きな隔たりができてしまいました。

■ コンピュータと数学

　20 世紀後半になってコンピュータが高性能化してから、「数学の世界」と「絵の世界」は再接近します。それは人間には描画不可能な複雑な図形をコンピュータが描画できるようになり、人間が今まで見えなかった世界が見えるようになったからです。例えば様々な物理現象は微分方程式と呼ばれる式によって表せることはすでに知られていましたが、これを実際に計算するのには膨大な計算量が必要でした。コンピュータによってこういった計算が可能となり、物理現象をシミュレーションできるようになったのです。このように、コンピュータによって人間の力では見えなかった数学の世界を目に見えるようにすることは**可視化**と呼ばれます。コンピュータの登場はカオスやフラクタルといった新たな数学的現象の発見につながりました。

0.3　ジェネラティブアート

　絵画や彫刻からはじまる西洋美術の歴史も、数学と同様に抽象化とコンピュータによって拡張されてきました。20 世紀初頭にはじまったキュビズムは従来の絵画における視座からの解放を先導し、その後の抽象絵画の流れを作りました。またコンピュータの登場は新たな表現手法を生み出し、現在メディアアートと呼ばれるジャンルに派生しました。中でもプログラミングによって「ジェネラティブ（generative）」に制作された作品群は**ジェネラティブアート**と呼ばれます。

　ジェネラティブとは日本語で「生成的」を意味します。ジェネラティブアートにおける生成とは、簡単に言えばデータとアルゴリズムによってかたちが作られることを意味しますが[*2]、製図や設計とはやや異なるニュアンスを持ちます。マット・ピアソン［Pe, §1.1］は生成的と呼ぶべき条件として、**自律性**と**予想不可能性**を挙げています。これを理解するために、例として種からニョキニョキと植物が生えてくるイメージを思い浮かべてみましょう。生成とは、データとアルゴリズムという「種」を与えると、かたちという「植物」が生まれてくるようなものです。ここでデータは種の大きさや重さなどに関する情報であり、アルゴリズムは植物が種から成長するルールが書かれた遺伝子情報であると考えることができます。植物の成長は人間が隅から隅まで完全にコントロールできるのではなく、ある部分は植物自体が勝手に育つことに委ねられます。こういった要素を自律性と呼び、ジェネラティブアートではデータとアルゴリズムによるかたち生成プロセスが自律性を持つことを志向しています。そもそも人間がプログラムしたものが、生命と呼べるような自律性を持つに至るかどうかは議論の余地がありますが、プログラムが人間の想定の範疇の出来事を引き起こすための道具ではなく、**動かしてみないと分からない何かを引き起こす道具**である、ということが念頭に置かれています。

■ パラメータ変形

　もう少し具体的に、かたちの生成プロセスについて見てみましょう。例えば同じ種目の植物の種であってもその大きさや重さが違えば成長の仕方も異なるように、ジェネラティブアートではデータを変えることによってかたちが変化します。例えば円のかたちを決定するデータの一つには「半径」という数値データがあります。数値データに対し、その大きさの半径を持つ円を描くアルゴリズムと描画装置があったとしましょう。そうすると、この数値を変化させる

[*2]　ジェネラティブアートは視覚表現に限らない、音楽などの作品形態に対しても適応可能ですが、ここでは視覚表現に関するもののみを考えることとします。

ことによって、描画される円の大きさを変えることができます。こういったかたちを変化するデータを**パラメータ**と呼び、パラメータによってかたちを変形させることを**パラメータ変形**と呼びます。

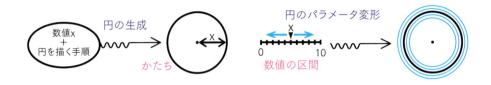

　パラメータを増やすことによって、かたちのパラメータ変形はその自由度が増します。例えば、円を生成するデータとして「中心点の位置」というパラメータを加えれば、2つのパラメータによって円の大きさと位置を動かすことができます。つまりパラメータ設定が、かたちを作るための手となり、足となります。陶芸家が粘土を捏ねて作品を作るように、ジェネラティブアートではパラメータ変形によって作品を作ります。

■ 偶発性の設計
　全く同じような種を植えて植物を育てたとしても、生育環境によって植物の育ち方は異なります。日照条件や水、土が変わればもちろん育ち方は変わりますし、たとえ同じ環境で育てたからといっても、隅から隅まで全く同じ植物が育つことはありません。天気予報は確率でしか表せないように、環境と時間経過によるプロセスは複雑かつ不確定であって、植物の成長には予想不可能な要素が伴います。こういった予想不可能性は植物を育てる醍醐味の一つでしょう。
　数学ではこれと状況が異なります。例えば関数 $f(x) = 2x$ は、誰がどんな状況で x に数を代入してもその値は同じであり、偶然 $f(2) = 3$ になったり $f(2) = 5$ になったりすることはありません。同様に円を描画するコンピュータプログラムは常に同じ円を描きますが、人間の描く円は描画のたびに微妙にゆがみが生じて異なり、全く同じ円を人間が描き続けることはできません。このような描画ごとの「ばらつき」や「ゆらぎ」を持たせるために、ジェネラティブアートでは偶発性をプログラムに組み込みます。

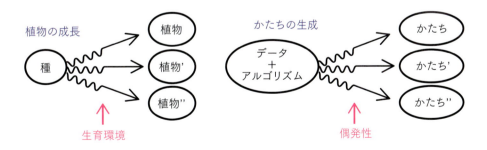

例えばサイコロは振ってみないとどの目が出るかは分かりませんが、こういった無作為な値を返す関数をプログラミングではランダム関数と呼びます。ランダム関数をプログラムに組み込むことで、同じプログラムであっても描画ごとに違った表情を出すことが可能になります。先に例に出した円の描画プログラムで考えると、描画ごとにランダム関数の値を加えることで、毎回描き出される円のかたちにばらつきを持たすことができます。さらにパラメータやばらつきを与える関数の設定によって、手書きのような味わいのある円を描くことができます。例えばパーリンノイズと呼ばれる、滑らかなゆらぎを与えるノイズ関数を使えば、下図の手ぶれしたような円を描くことができます。

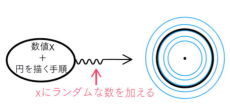
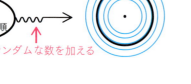
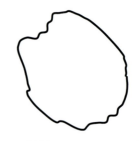

半径にばらつきを持った円の生成　　　　　　ノイズ関数によってゆらいだ円

　ランダム関数やノイズ関数は手軽にプログラムに組み込める、いわばコントロールのしやすい「偶発性」ですが、実際の自然現象はそんなに単純ではありません。自然は秩序と無秩序が入り混じっており、単なる「ばらつき」以上の複雑な偶発性を持っています。このような現象を扱う科学は複雑系科学と呼ばれています。本書7章で扱うセルオートマトンは、複雑系科学で使われる有名な理論モデルの一つです。ジェネラティブアートはこういった複雑系科学の影響を受けており、その真に面白い部分は**秩序と無秩序の合間を探求する**ところにあります。

■ 創作の手法
　ジェネラティブアートのアイデア自体はコンピュータを使うことを前提としたものではありませんが、コンピュータを使うことによってこの手法の可能性は劇的に広がります。例えば人間が10枚の絵を描くためには、1枚を描く手間のおよそ10倍の手間がかかりますが、コンピュータを使えば、1枚描くのも10枚描くのも人間の手間はほとんど変わりません。極端な話、効率の良いアルゴリズムと高い処理能力さえあれば、1枚描くのも100万枚描くのもほとんど変わらないでしょう。瞬時に大量の処理ができるコンピュータを道具とすることによって、1つのプログラムから無数のかたちのバリエーションを生み出すことができます。プログラムに予想不可能な要素を組み込むことによって、時にそれは私たちの想像を（いい意味でも悪い意味でも）裏切るような結果をもたらし、創作の新たな動機付けを与えることでしょう。これによって、あたかもコンピュータと共作するかのように、トライアル＆エラーを繰り返すことが可能になります。つまりジェネラティブアートにおける創作は、**かたちを生成するためのプロ**

グラムを設計すること、そして**生成される無数のバリエーションから「最適」なかたちを見つける**という行為を往復することによってなされます。ジェネラティブアートの楽しみは、かたちを探求するプロセスにあります。

■ デザインでの実践

こういったジェネラティブな創作手法は、アートのみならずデザイン領域でも実践的に使われています。手法のどの部分に焦点を当てるかによってその呼び名は変わりますが、それはパラメトリックデザイン、アルゴリズミックデザイン、コンピュテーショナルデザイン、プロシージャルデザインなど多岐に渡っています。これらは総称し、デジタルデザインと呼ばれています。こういったデジタルデザインによる実践例としては、フランク・ゲーリーやザハ・ハディドの建築作品が有名です。彼・彼女らの建築作品は曲がりくねった曲面を大胆に使った意匠が特徴ですが、従来の建築図面上では設計困難な曲面を使った構造物はデジタルテクノロジーの進化によって可能になりました。また建築設計では必要なコストや資材など様々なデータを同時に扱う必要がありますが、そういったすべてのデータをパラメータとして含めた上で最適なかたちを設計できる強みを持っています[*3]。

■ か・かた・かたち

建築におけるデジタルデザインはコンピュータの高速化と普及によって広がりましたが、その方法論自体は菊竹清訓の「か・かた・かたち」理論[Kik]に萌芽が見られます。菊竹は1960年頃に日本で生まれたメタボリズムという建築運動に関わっていた建築家であり、「か・かた・かたち」は設計プロセスに関する方法論です。これは、簡単に言うと、「かたち」が生まれる過程には「かた（型）」という技術的段階と「か」という本質的段階があるというものです。「かたち」の設計には、かたちとは何かということを探求する「かたち→かた→か」という方向と、実際にかたちをつくる「か→かた→かたち」という方向があり、この双方向を行き来することが設計である、というのが大まかなアイデアです[*4]。これをジェネラティブアートでの手法に置き換えて考えると、「かた」とはかたち生成のためのプログラムであり、「か」とはそれを生み出すための本質的な構造だと言えます。

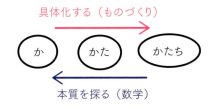

[*3] こういったデータに基づいた建築の工程は BIM（Building Information Modeling）と呼ばれます。
[*4] 松川昌平［M］は、「か・かた・かたち」のなかには「たくさん作って選ぶ」という＜かち＞の段階があり、「か・かた・かたち・かち」という図式によりこの理論を現代の視点から更新しています。

0.4　数学

　この「か・かた・かたち」理論を当てはめると、数学の向かう方向性は「かたち→かた→か」であり、ものづくりの向かう方向性は「か→かた→かたち」だと言えるでしょう。つまり**かたちの本質を探究し、その普遍的な原理を発見する**のが数学であり、それはしばしば抽象化によって得られます。数学が一体何の役に立つのか、ということはよく議論になりますが、計算の技術的な部分で数学が必要不可欠なことはある程度理解できることでしょう。では、抽象的な数学理論が一体何の役に立つのでしょうか。

■ 本質的な情報への還元

　例えば円について考えてみましょう。素朴に考えると、円は平面上で点から等距離にある点の集まりです。よって円周上のすべての点の位置情報を集めたデータが円と言えます。このように図形を点の集合と捉える集合論的な解釈は、コンピュータと親和性が高く、人間にとっても理解がしやすいものです。例えばスマホのカメラで撮って得た画像データは、画像を画素(ピクセル)と呼ばれる単位ごとの色情報の集まりと捉えたものです。

　一方、平面上に xy 座標をとると、中心点の座標位置と半径のデータによって円を描くことができます。仮に中心点を xy 座標の原点、半径を 1 とすれば、この円は $x^2 + y^2 = 1$ を満たす点の集合と考えることができます。ゆえに円を点の集合と考えるのではなく、$x^2 + y^2 = 1$ という方程式だと捉える、というのが代数幾何学的な円の解釈です。$x^2 + y^2 = 1$ から円を描くには高校数学の「かた」が必要ですが、これによって円はたった 1 行の方程式で表すことができ、情報量を大幅に圧縮することができます。さらに方程式の係数をパラメータ変数によって動かせば、円のパラメータ変形を作ることができます。つまり数学による抽象化は**情報量の圧縮、対象のバリエーション**を考える上で必要不可欠なのです。

円の数学的な抽象化

■ 普遍性

　円はパラメータ変形によって連続的に変形することができますが、変形しても変わらない普遍的な性質は何なのか？こういったことを考えるのに導入された理論の枠組みが位相幾何学と呼ばれる数学です。位相幾何学は伸び縮みしても変わらない図形の性質を扱う数学であり、20 世紀はじめごろに生まれました。この観点に立てば、円も楕円も多角形も全部「穴が 1 つある曲線」として同じものとみなされ、数字の 8 のような「穴が 2 つある曲線」は別のものとして

区別されます。このように図形をなんらかの量や構造によって分類できるかといった問題は、幾何学では現在も研究されている重要な問題です。最近になって解けた難問の1つであるポアンカレ予想も、位相幾何学と分類に関する問題でした。

　ここまで徹底的に抽象化されると、もはや純粋に数学的な概念であって応用はないように思えますが、しかしその抽象性ゆえに**広い分野で適用可能な汎用性**をもっています。本書第II部で扱う周期的なタイリングの理論は結晶群と呼ばれる群の理論に基づいていますが、この理論は物質の結晶構造と深く関連しており、その構造や分類には結晶学者が大きく貢献しています。また本書14章で扱う準周期タイリングに関しては、そもそもパズル的なものとして自然現象への応用はないものだと考えられていましたが、準結晶構造を持つ合金が後に発見され[*5]、分野の壁をまたいだ交流が生まれました。位相幾何学のような抽象度の高い分野においても、近年は物質科学や分子生物学、情報科学など数学以外の幅広い分野へ応用されています。

■ 数学と「正しさ」

　数学はある根本的で単純なルールの上で起こる現象について考えます。例えば、高校までの数学で習う図形やProcessingで扱う図形は、ユークリッド幾何学という古代ギリシャ時代に基礎づけられたルールの上で成り立っています。中学や高校で習うピタゴラスの定理（三平方の定理）や正弦定理・余弦定理はこのユークリッド幾何学の枠組みの中では必ず正しく、$x^2 + y^2 = 1$ が円である、という正しさの根拠もここにあります。コンピュータ環境やプログラミング言語は流行り廃りが激しく、10年後・100年後に私たちがどんな環境でどんな言語を使ってプログラミングしているのか想像がつきませんが、そこでユークリッド幾何学のルールを採用している限り、その事実の正しさは変わりません。つまり数学の「正しさ」は**コンピュータの言語や環境に依存しない独立性**を持っており、数学の知識がプログラミングで無駄になることはありません。

■ 数学と「美しさ」

　数学はしばしば「美しさ」とともに語られます。「美しさ」といった審美性の問題は数学とは別種の難しさがあり、また「美しさ」が必ず数学的な構造を孕んでいるとも限りません。しかし数学的な構造からかたちを作ることにより、かたちの秩序や規則性を作ることができます。

　数学の「美しさ」としてよく引き合いに出される黄金比は、自然現象や美術作品に関連付けて議論されますが[*6]、その美しいとされるかたちの性質の根拠には**自己相似性**があります。そして黄金比の自己相似性は、黄金数という数の持つ**再帰性**によって引き起こされています。コンピュータでは入れ子構造を持つ計算処理をプログラミングすることで、この再帰性をシミュレーションすることができます。本書第I部では黄金数のような再帰性を持つ数について考えます。

[*5] 準結晶構造を発見したダニエル・シェヒトマンは、この功績によって2011年ノーベル化学賞を受賞しています。
[*6] このあたりの議論について著者は検証していないので、本書では扱いません。

また**対称性**や**周期性**といったパターンの「美しさ」には、群や格子といった数学的構造が関係しています。これらは合同変換と呼ばれる変換のなす体系であり、数学的には行列を考えることに当たります。本書第Ⅱ部ではパターンの対称性と周期性を作る群の構造について考えます。

　何らかのアイデアをプログラミングし、コンピュータで動かせるようにすることを**実装**と呼びます。この本では、こういった数学的構造をコンピュータに実装し、それによってかたちを作り出す方法を提示しています。ここにパラメータ変形やランダム性を加えることによって、かたちのバリエーションを無数に作ることができます。ジェネラティブアートにおいて数学を学ぶことは、こういった展開を考える上で強い武器になります。

数学からつくるジェネラティブアートのプロセス

0.5　本書の構成

　この本は 2 部構成となっており、まず第Ⅰ部で**数**について扱います。数といっても $1, 2, 3, \cdots$ と数えられる数や分数で表すことのできる数、できない数など、様々な種類の数があります。この部ではそういった様々な数、およびその四則演算（＋－×÷）が作るかたちについて考えます。「普通」の数とその四則演算は小学校で習いますが、数というのは実は分かっているようで分かっていない、そして当たり前のようで当たり前ではない非常に不思議な存在です。この数の不思議な性質の一端を紹介し、そこから得られるかたちの性質について考えます。

　第Ⅱ部では、**タイリング**について扱います。タイリングとは建築に使われるタイル張りを数学的に考えたもののことです。タイリングには回転する、ひっくり返す、平行移動する、といった合同変換と呼ばれる変換があります。この合同変換によって変わらない性質が対称性や周期性と呼ばれるものであり、こういった性質について考えます。この部では対称性と周期性に付け加え、タイリングの**双対性**と再帰性がキーポイントになります。再帰性については第 1 部でも扱いますが、双対性はタイリングのカップリングに関するある不思議な性質のことです。これらの性質から生まれるかたちについて考えます。

　第Ⅰ部の「数の計算」、第Ⅱ部の「図形の合同変換」、これらは全く異なるように見えますが、実は両者ともに群と呼ばれる構造を持っています。数の計算は具体的に手を動かして実行できますが、図形の変換は絵を描かなくてはならないので、その性質を手で確かめるのは大変です。可視化プログラミングはこの理解の大きな手助けになるでしょう。

■ **各章について**

以下、各章の構成について書きます。これは各章の内容とつながりを大雑把に書いたものですので、読み飛ばしても構いません。本文を読み進めて方向性を見失ったときに、もう一度立ち返るとよいでしょう。

第 1 章で扱う**ユークリッド互除法**は、古代から使われているアルゴリズムです。これは小学校の割り算の繰り返しによる簡単なアルゴリズムですが、現代でも使われているとても基本的なものです。第 1 章ではユークリッド互除法を可視化し、それを応用した視覚表現について学びます。第 2 章で扱う**連分数**は、分数の分母に分数が連なる数のことです。連分数の計算プロセスは実はユークリッド互除法そのものであり、無限に続く連分数を考えることによって扱える数の世界を広げることができます。第 2 章ではある特別な循環連分数として黄金数を導入しますが、黄金数は**フィボナッチ数列**と呼ばれる漸化式と関係しています。第 3 章では漸化式、およびフィボナッチ数列について学び、黄金数がフィボナッチ数列を使って近似できることを見ます。フィボナッチ数列からららせんを作ることができますが、このらせんは**対数らせん**と呼ばれる自己相似性を持つらせんを近似しています。第 4 章ではこの対数らせん、および再帰構造から作られるかたちと対数らせんの関係を見ます。第 5 章では**フェルマーらせん**と呼ばれるらせんについて考えます。フェルマーらせんは、数の連分数近似と関係しています。

第 5 章までは主に実数に関する話題でしたが、第 6 章では実数とは別の体系である、**合同な数**について考えます。図形の合同と同様に、割り算の余りを考えることで数にも合同関係を考えることができます。このような数は有限個の要素からなる数の体系であり、コンピュータ上で扱いやすい数でもあります。第 7 章で**セルオートマトン**を学びます。セルオートマトンは格子状に並べられたマス目（セル）の局所的な計算を段階的に行うシステムであり、それは全体で見ると非常に不思議な挙動を示します。合同な数とその算術を使うことによって、簡単な式からセルオートマトンの様々な挙動を生み出すことができます。

第 8 章では布地の**織りの模様**について考えます。実は織りの組織には**行列**の演算が関係しています。行列と織りの組織、そしてそこから生まれる対称性と周期性について考えます。模様の対称性と周期性を考える上で重要なのが、二面体群と格子です。二面体群は**正多角形の対称性**に表れる構造であり、第 9 章でそれについて考えます。また、格子は 2 方向のベクトルに関する平行移動の構造です。第 10 章では**正多角形によるタイリング**を考え、そこで表れる正方格子と六角格子について考えます。

第 11 章から第 13 章は**正則タイリング**（正多角形によるタイリング）を応用した様々なタイリング、および模様の構成について扱います。第 11 章では正則タイリングの頂点と辺の変形からタイリングのバリエーションを作ります。これは版画家のエッシャーの技法を数学的に形式化したものです。第 12 章では二面体群と格子の構造から**周期性と対称性を持つ模様**を作ります。この構造には壁紙群と呼ばれる群が関係しています。とくに六角格子の周期性を持つ壁紙群、およびそこから生まれる模様について考えます。一般に周期性を持つタイリングは**周期タイリング**と呼ばれます。第 13 章では 3 つの周期タイリングに焦点を当て、構成法とその特徴を学びます。第 3 章で見たフィボナッチ数列が、実は 1 次元のタイリングと関係しているこ

とが分かります。第14章では**準周期タイリング**と呼ばれる周期性を持たないタイリング、とくにペンローズタイリングについて学びます。ペンローズタイリングは黄金数とその再帰性が深く関連しています。

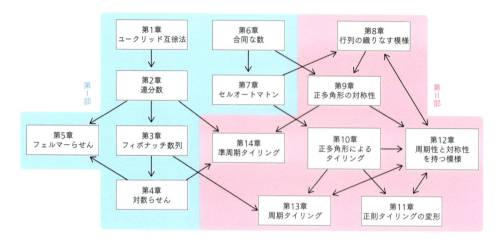

0.6 Processingの導入

本文に入る前に、まず Processing を動かすための準備しておきましょう。Windows または Mac OS X が搭載された PC を用意します[*7]。最も簡単な方法は OpenProcessing (**https://www.openprocessing.org/**) から web 上でプログラミングする方法です。まず OpenProcessing でアカウントを作り、"Create a Sketch" ボタンからスケッチを新規作成して、Processing.js モードを選択します。簡単なプログラミングでしたらこれが最も手っ取り早いですが、残念ながら OpenProcessing では Processing の機能をフルに生かすことはできません[*8]。Processing をフルに使うためには、プログラミングして実行するためのソフトウェアをダウンロードする必要があります。こういったソフトウェアは統合開発環境（Integrated Development Environment, IDE）と呼ばれています。Processing はプログラミング言語[*9]、および IDE のことを指します。以降、本書では Processing IDE からプログラミングして実行することを前提として進めます。Processing IDE を公式サイト（http://www.processing.org）からダウンロードしてフォルダを開き、**processing.exe** を開けばそれで準備完了です。

■ Hello World

ためしに次の一文を書き、▷ ボタンを押してみましょう。

[*7]　Processing は Linux にも対応していますが、サンプルコードの動作確認はしていません。
[*8]　Processing.js は Processing を web 上で動くように JavaScript へ移植したものです。
[*9]　正確には Processing は JAVA という言語の上で動いているので、JAVA の一種と見なすこともあります。

```
rect(0, 0, 10, 10);
```

小さなウィンドウが出てきて、小さな正方形が描かれていれば、これで基本的な動作確認はできました。上のたった1行のシンプルな文も「正方形を描画する」プログラムの1つです。こういったプログラムを作るための文を**コード**と呼び、コードを書くことを**コーディング**と呼びます。プログラミングはコーディングとほぼ同じ意味で使われますが、コードを書く以外の操作、例えばタイマーを設定することやオルゴールを作ることも一種のプログラミングと見なすことができます。

■ コーディングの基本的な作法

コーディングについては本文で扱いますが、その前提となる基本事項を書いておきます。上の正方形を描くための1行のコードを見てみましょう。文末にセミコロン (;) が付いていますが、**1つの文の終わりには必ずセミコロンが必要**です。人間が文章を読むときは、句読点がなくても適当にそれを補って読むことができますが、コンピュータにはそれができません。またコードでは () や {}、[] のようなカッコがよく出てきますが、**カッコは必ず閉じましょう**。複雑なコードになるとカッコの中にカッコがあり、その中にカッコがあり、…とカッコがたくさん出てきますが、カッコはコードの構造を作る上でとても重要な役割を持ちます。さらに上の () の中に入る数字はコンマ (,) で区切られており、**() の中に入る数字の個数は決められています**。() の中の数字がゼロだからといってもそれは省略できないので、注意しましょう。さらに基本的なところでは、コードは**半角英数字**しか使えず、**綴りが間違っていては動きません**。

またコードは他人が読んでも読みやすいコードが好まれます。なぜならコードは後で修正を加えることが多く、この行は何をしているかを明らかにした方が理解が早いからです。たとえ自分しかコードを読まないような場合であっても、分かりやすく書くことは無駄にはなりません。実際、著者は1ヶ月前に自分で書いたコードが全く理解できないことが頻繁にあります。

コードを見やすくするコツは**空白**、**改行をうまく使う**ことです。Processing でこれらは無視されるので、これらは人間の視認性のために使われます。例えば rect(0, 0, 10, 10) のコンマで区切られた4つの数字の間には（半角）スペースが使われていますが、これはなくても動きます。ただし () に入る数字が大きくなったり、長い数式になったりすると、どこまでが1つ目の数なのか分かりにくくなります。そのためスペースを使って**数字の並びの切れ目を強調**します。また改行も無視されるため、通常は1つの命令文に1行、または1行以上を使います。コードの構造を分かりやすくするため、カッコを多用したコードでは文頭をスペース、もしくはタブによって字下げします。

さらにコードにコメントを付け加えると、その意図が明確になります。Processing では1行の中で **// 以下に書かれた部分は飛ばされます**。つまりこの部分は全角文字の日本語で書いても構いません。他人が読んでも分かるように、なおかつ長くなりすぎないようにコメントを書くと良いでしょう（もちろんコメントの書き方は誰がコードを読むかによっても変わります）。

コーディングの作法については『リーダブルコード』[BF] に詳しく書かれています。

間違ったコード
rect(0, 0, 10, 10)　　←文末に ; がない
rect(0, 0, 10, 10;　　←() が閉じていない
rect(0, 10, 10);　　←() の中の数字が足りない

読みにくいコード
rect(0,0,10,10);　　←数字が詰まっている
rect(0,
0, 10, 10);　　←謎の改行

親切なコード
rect(0, 0, 10, 10); // 正方形を描画する　　←簡潔にコメントを書いている

■ コーディングと英語

　Processing に限らず、多くのプログラミング言語は英語圏の文化から生まれたので、プログラミングの世界は基本的に英語が標準語です。よってコーディングに使うような**簡単な英語に慣れること**を推奨します。例えば先の正方形を描くためのコードで rect は rectangle を略記したものです。ここで rectangle が長方形であることを知っていれば、rect が何のために使うものかを推測しやすくなるでしょう。

　他にも iteration（繰り返し）や threshold（しきい値）など、日常ではあまり使わないけれどコーディングではよく出てくる単語がこの本ではしばしば出てきます。コードに出てくる変数や関数の名付けは、こういった単語に由来しています。もちろんコードを読んで実行するのはコンピュータですので、本質的にはどんな名前の付け方でも構わないのですが、自分独自の記法だとチームでコードを共有する場合に齟齬が生まれます。コードを共有しない場合であっても、コードを書いているときの自分のルールを、未来の自分が正確に覚えている保証はないでしょう。コーディングに慣れていない場合、こういった英単語の使い方に戸惑うかもしれませんが、これに慣れればコードの読み書きも上達します。といっても、**よく使うような単語は限られているので、英語が苦手でも身構える必要はありません。**

　また Processing の名付けに関しては、他にも以下のようなルール・慣習があるので注意しましょう。

- 関数や変数の名に Processing ですでに使われている名前（予約語）は使えない（例えば rect は使われているので名付けには使えない）
- 2 単語以上を含む名前を付ける場合、2 単語目以降の頭文字を大文字にする（キャメルケース）か、アンダーバー（_）を使って単語を区切る（スネークケース）ことが多い

■ 開発環境のカスタマイズ

　Processing IDE はダウンロードしたそのままの設定で使うことができますが、日本語で使いたい場合はカスタマイズが必要になります。IDE の設定（メニューの **Preferences**）で使用言語を日本語にすれば、IDE のメニューが日本語で表示されます。コーディングの文に日本語を使いたい場合は、フォントを全角日本語が使えるフォントに指定する必要があります。この本のコードをダウンロードしてファイルを開く場合、コメントは全角日本語で書かれているため、

フォントを日本語にしておくと良いでしょう。ただし日本語設定にしてもエラーメッセージは部分的に英語が混じります。

　Processing ではライブラリと呼ばれる第三者が作った外部システムによって機能を拡張することができます。本書のプログラムは基本的にライブラリは使わない方針ですが、一部で controlP5 というライブラリを使っています。ライブラリを使うためにはライブラリを使えるように準備する(インポートする)必要があります。ライブラリのインポートは IDE のメニュー **Import Library** から行うこともできますし、ライブラリを配布しているサイトからダウンロードして libraries フォルダにそれを置けばインポートされます。

　またプログラミングに慣れた中級者以上ではコーディングにエディタを使っている人も多いかと思いますが、エディタを使えばさらに高度なカスタマイズが可能になります。現時点での Processing(ver 3.4、3.5.3) では IDE に入力支援や画面分割といった機能は付いていませんが、エディタに拡張機能を付け加えることでこういったことが可能になります。筆者はエディタに Atom を使っていますが、Atom には Processing 関連のパッケージが豊富に揃えられています。

Processing 導入に関するまとめ
- Processing を公式サイトから PC にダウンロードし、**processing.exe** を開く
    - 機能は制限されるが、OpenProcessing から web 上でプログラミングすることも可能
- コンピュータへの命令文（コード）に従って、プログラムが実行される
    - 1つの文の終わりには必ずセミコロン（;）が必要
    - 文に出てくるカッコは、開いたら必ず閉じる
    - カッコの中に入る数字の個数は決められている
    - コードは（コメント部分を除き）半角英数字しか使えない
- コードは人間も読むものであるため、読みやすいコードを書くことが重要
    - 空白と改行は無視されるため、それらをうまく使って人間が見やすいコードにする
    - コメントを書いて、読み手にコードの意図を簡潔に伝える
    - コーディングでよく出てくる英語に慣れておくと便利だ
- Processing をカスタマイズして使いやすくしよう
    - ライブラリを使えば機能を拡張できる。本書では controlP5 を使うため、インポートしておこう
    - Processing IDE は日本語設定も可能であり、フォントを日本語にすると日本語を入力できる

第 I 部

数
+ − × ÷ がつくるかたち

小学校の算数で習ったように，数には足す（+），引く（−），かける（×），割る（÷）という四則演算があります．また数には整数や分数，平方根（ルート）のような様々な種類のものがあります．この部ではこのような様々な種類の数と，それらの四則演算が作るかたちについて考えます．コンピュータが行う処理は，部分的に見れば単純な四則演算とそのディスプレイ表示に過ぎませんが，それを反復することによって私たちの想像を超えるかたちを生み出します．

第 1 章 ユークリッド互除法

　ユークリッド互除法は最大公約数を求めるためのアルゴリズムです．これは古代ギリシャの数学者であるユークリッドが著したとされる書物『原論』にそれが記されていることから，ユークリッドの名を冠しています．ユークリッド互除法はごく簡単な算数しか使いませんが，現代の暗号理論でも使われている，とても基本的で重要なアルゴリズムです．この章ではユークリッド互除法を可視化し，それを使った視覚表現を学びます．

この章のキーポイント
- ユークリッド互除法を使うと2つの数の最大公約数を求めることができる
- ユークリッド互除法は長方形，または正方形の分割によって可視化できる
- ユークリッド互除法による長方形・正方形の分割を組み合わせ，再帰的に描画をすると，限りなく細分される

この章で使うプログラム
- Numeric: ユークリッド互除法の計算を行う
- DivRect: 長方形の分割によるユークリッド互除法の可視化
- DivRectColor: DivRect を着彩したもの
- DivSquare: 正方形の分割によるユークリッド互除法の可視化
- DivSquareRecorder: DivSquare に画像保存機能をつけたもの
- RectDivRect: 長方形を長方形によって分割する
- RecurDivSquare🖱: 正方形を再帰的に分割する
- RecurDivSquareGUI `CP5`: RecurDivSquare の GUI プログラム

1.1 アルゴリズム

アルゴリズムとは何らかの目的達成のための手順です．ユークリッド互除法とは何か，どういった手続きでそれがなされるかを学びましょう．

1.1.1 算数での割り算

まず小学校で習った算数を思い出してください．分数を習う前に割り算の計算をするとき「商と余り」を使いました．例えば $5 \div 2 = 2 \cdots 1$ は「5 を 2 で割ると商が 2 で余りが 1」ということを意味します．ではこの割り算をコーディングしてみましょう．

```
1  //aをbで割った商と余りの計算
2  int a = 5; //aに5を代入
3  int b = 2; //bに2を代入
4  int c = a / b; //cにaをbで割った商を代入
5  int d = a % b; //dにaをbで割った余りを代入
6  println(a, "/", b, "=", c, "...", d); // コンソールに "5/2=2...1" と表示される
```

このコードを解説する前に，まず数学の用語を復習しておきましょう．$1, 2, 3, \cdots$ と 1 を順に足していって得られる数のことを**自然数**といいます．ある数が自然数か，0 か，0 から自然数を引いた数（負の数）であるとき**整数**といいます．つまり整数全体の集合は

$$\cdots, -3, -2, -1, 0, 1, 2, 3, \cdots$$

と書き表すことができます．また，中学の数学で習った x や y のように「数を入れることのできる記号」を**変数**といいます．$+, -, \times, \div$ のように何らかの計算をするための記号を**演算子**といい，変数を他の数に対応させる対応付けを**関数**といいます．高校の数学では，例えば $f(x) = x^2$ というような式を習いますが，f は function（関数）のことで，f は x から x^2 への対応付けを意味します．

プログラミングは基本的に数学をモデルにしているため，数学と同じ用語がプログラミングでも使われますが，用法にやや違いがあります．例えば，プログラミングにおける「関数」は，変数を必ずしも数に対応付けするわけではなく，**変数に対して何らかの処理を行うこと**を意味します．プログラミングにおける用語やその意味は，動かしながら慣れるのがよいでしょう．

上のコード 2～5 行目にある int は整数（integer）の数が入る変数を意味しており，= はこれらの変数に具体的な数を代入しています．普通のキーボードには + と − はありますが，× と ÷ という記号はないため，プログラミングではかけ算は ∗，割り算は / を使って書き表します．ここで int どうしの割り算は計算結果も int となることに注意してください．4 行目は，5 を 2 で割ると小数を使った答えは 2.5 ですが，int どうしの割り算なので小数点以下切り捨てとなり，2 が計算結果となります．5 行目の % は余りの数を計算するための演算子です．

6行目の println(...) は () 内の変数をコンソール（Processing IDE の下部にある窓）に表示する関数です．ここで複数の変数を表示するにはコンマで区切って並べます．そこに文字を表示させるためには，文字列を "" で括って文字列型の変数を作る必要があります．

1.1.2 プログラミング

ユークリッド互除法のアルゴリズムは，算数の割り算をある手順で繰り返すことによって成り立っています．まずそのために必要となる数学の知識を復習しておきましょう．ある自然数に対し，それを割りきるような自然数を**約数**といいます．2つの自然数に対し，それらの共通の約数で最大のものを**最大公約数**といいます．例えば 10 の約数は 1, 2, 5, 10 で，6 の約数は 1, 2, 3, 6 であり，6 と 10 の最大公約数は 2 です．数が小さい場合は簡単に約数が計算でき，そこから最大公約数を求めることができますが，大きな数になると約数を計算するのは大変です．例えば 14803 と 12707 の最大公約数は何になるでしょうか？

ユークリッド互除法は**与えられた 2 つの自然数に対し，その最大公約数を求めるアルゴリズム**です．

ユークリッド互除法

2つの自然数 x_0 と x_1 に対して，x_0 と x_1 の最大公約数は次の手順により求めることができる．

1: x_0 を x_1 で割り，その余りを x_2 とする．
2: x_1 を x_2 で割り，その余りを x_3 とする．
3: x_2 を x_3 で割り，その余りを x_4 とする．
⋮（この操作を割り切れるまで繰り返す）
n: x_{n-1} を x_n で割ると割り切れた．このとき x_n が最大公約数である．

例えば $x_0 = 10, x_1 = 6$ の場合，つまり 10 と 6 の最大公約数を求める手順は次のようになります．

1: $10 \div 6 = 1 \cdots 4 \quad \therefore x_2 = 4$．
2: $6 \div 4 = 1 \cdots 2 \quad \therefore x_3 = 2$．
3: $4 \div 2 = 2 \cdots 0$
よって最大公約数は $x_3 = 2$．

これを使えば 14803 と 12707 の最大公約数も簡単に求めることができます．

1: $14803 \div 12707 = 1 \cdots 2096 \quad \therefore x_2 = 2096$．
2: $12707 \div 2096 = 6 \cdots 131 \quad \therefore x_3 = 131$．
3: $2096 \div 131 = 16 \cdots 0$

よって最大公約数は $x_3 = 131$．

この計算を実行するコードは次のようになります．

コード 1.1：ユークリッド互除法の数値計算　　Numeric

```
1  //aとbに対してユークリッド互除法を行う
2  int a = 10;
3  int b = 6;
4  int c; //商のための変数
5  int d = b; //余りのための変数
6  int itr = 0; //繰り返しの回数
7  //繰り返し処理
8  while (d > 0){ //余りが0以上のとき以下の処理を実行
9      itr++; //繰り返し回数を1増やす
10     c = a / b; //cに商を代入
11     d = a % b ; //dに余りを代入
12     println(itr, ":", a, "/", b, "=", c, "...", d); //計算結果を表示
13     a = b; //aにbを代入
14     b = d; //bに余りを代入
15  }
16  println("GCD is", a); //最大公約数を表示
```

基本的には割り算 a ÷ b = c ⋯ d の計算を繰り返すことによって得られますが，計算を繰り返すごとに割る数と割られる数を変える必要があります．8〜15行目の while(⋯){ ⋯ } は () 内の条件を満たす限り，{} 内（9〜14行目）の操作を繰り返す構文です．a ÷ b が割り切れなければ，つまり余り d が 0 より大きければ，a を b に，b を d に換えて a ÷ b の計算を再度行います．途中の計算過程と，最終的に得た最大公約数がコンソールに表示されます．

■**課題 1.1**　　次の2つの数の最大公約数をユークリッド互除法を使って求めよ．
(1) (6, 9)　(2) (6, 15)　(3) (21, 17)　(4) (18, 20)

註1［拡張ユークリッド互除法］ a, b, c を 0 でない整数，x, y を変数として方程式 $ax + by = c$ を考えてみましょう．中学の数学で習うように，この方程式の実数解は xy 平面上に直線で描くことができます．では，この方程式の整数解，つまり $ax + by = c$ を満たす整数の組 (x, y) は存在するでしょうか．実は c が a と b の最大公約数の倍数の場合に限りこの方程式は解を持ち，ユークリッドの互除法を使うとその具体的な解を求めることができます．例えば $a = 10, b = 6, c = 2$ のとき，ユークリッド互除法を変形すると

1: $10 \div 6 = 1 \cdots 4 \Leftrightarrow 4 = 10 - 6$
2: $6 \div 4 = 1 \cdots 2 \Leftrightarrow 2 = 6 - 4 = 6 - (10 - 6) = -10 + 6 \times 2 \quad \therefore -a + 2b = c$

となり，$(x, y) = (-1, 2)$ が 1 つの解です．このように $ax + by = c$ の解を求めるアルゴリズムを拡張ユークリッド互除法といいます．

1.2 可視化

ユークリッド互除法の手順は分かりましたが，数式が並んでるだけでは（数学が好きな人以外にとっては）退屈でしょう．Processing の強みである視覚表現を使って，ユークリッド互除法を目で見えるようにしましょう．

1.2.1 正方形による長方形の分割

ユークリッドの互除法の図形的な意味を考えてみましょう．2 つの自然数 a, b に対し，辺の長さが a, b であるような長方形を考えます．このとき割り算 $a \div b = c \cdots d$ が何を意味するかというと，「この長方形から一辺の長さが b の正方形を c 個取り出すことができ，その余りとして辺の長さが b, d の長方形ができる」と考えることができます．よって前節で 10 と 6 の最大公約数を求めるために行った 3 つの割り算の計算は，図 1.1 のように可視化することができます．

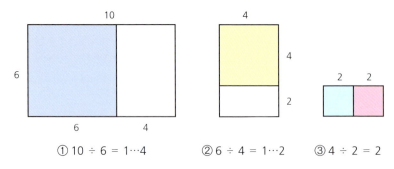

図 1.1：ユークリッド互除法の割り算手順の可視化

この 3 つの図をまとめて 1 つにすれば，正方形による長方形の分割が得られます（図 1.2）．このとき最も小さい正方形の 1 辺の長さである 2 が 10 と 6 の最大公約数（Great Common Divisor, GCD）になります．

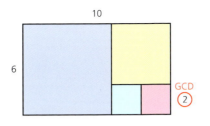
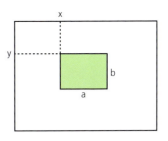

図 1.2：正方形による長方形の分割　　　　図 1.3：rect(x, y, a, b) の描画

　これをコーディングしてみましょう．長方形を描くには rect 関数を使い，長方形の左上の位置と縦横の長さを指定します．Processing では中学や高校で習った xy 座標を使って位置を指定します．描画ウィンドウの左上の角が原点 $(0,0)$ で，x 座標の値を増やすと右へ，y 座標の値を増やすと下へ移動します．Processing の座標では，y 軸の正の方向が下へ向かっていることに注意してください．

コード 1.2：長方形の分割によるユークリッド互除法の可視化　　DivRect

```
 1  // 横縦比が numA:numB の長方形を正方形によって分割
 2  int numA = 10;
 3  int numB = 6;
 4  int scalar = 50; // 長方形の拡大倍率
 5  numA *= scalar; // 数値の大きさを拡大
 6  numB *= scalar;
 7  // プログラム実行中に動く変数
 8  int wd = numB; // 分割に使う正方形の幅の大きさ ( 初期値 numB)
 9  int xPos = 0; // 正方形の x 位置 ( 初期値 0)
10  int yPos = 0; // 正方形の y 位置 ( 初期値 0)
11  int itr = 0; // 分割の繰り返し回数 ( 初期値 0)
12  // 描画
13  size(500, 500); // 描画ウィンドウサイズ
14  // 繰り返し処理
15  while (wd > 0){ // 幅が 0 になるまで以下を実行
16    itr++; // 繰り返し回数を 1 増やす
17    if (itr % 2 == 1){ // 繰り返し回数が奇数のとき, x 軸方向へ正方形を増やす
18      while (xPos + wd <= numA){ // 幅を足したとき, 長方形を超えなければ以下を実行
19        rect(xPos, yPos, wd, wd); //(xPos,yPos) を左上の頂点とする 1 辺 wd の正方形を描画
20        xPos += wd; //x 位置を更新
21      }
22      wd = numA - xPos; // 幅を更新
23    } else { // 繰り返し回数が偶数のとき, y 軸方向へ正方形を加える
24      while (yPos + wd <= numB){ // 幅を足したとき, 長方形を超えなければ以下を実行
25        rect(xPos, yPos, wd, wd); //(xPos,yPos) を左上の頂点とする 1 辺 wd の正方形を描画
26        yPos += wd; //y 位置を更新
27      }
28      wd = numB - yPos; // 幅を更新
29    }
30  }
```

コード 1.2 はユークリッド互除法の数値計算（コード 1.1）と同じく，余りの部分がなくなるまで長方形を正方形で分割します．ここで注意すべき点は，図 1.1 のように，繰り返しの回数によって長方形が横長か縦長か変わることです．よって回数を数える変数 itr が奇数か偶数かによって描画の方法を変えます．17〜29 行目にある if(⋯){⋯}else{⋯} の構文は () 内の条件を満たせば最初の {} 内の文を実行し，満たさなければ 2 番目の {} 内の文を実行します．つまりここでは itr が奇数ならば 18〜22 行目，偶数ならば 24〜28 行目の文を実行します．各正方形の左上の頂点の位置を itr が奇数ならば x 軸方向にずらし，y 軸方向にずらしています．

■ **課題 1.2**　課題 1.1 の最大公約数を求める過程を図で説明せよ．

■ 色をつける

モノクロの線の絵だと寂しいし，せっかくのカラーページももったいないので，作った絵に色を付けてみましょう．

コード 1.3：長方形に色を付ける　　DivRectColor

```
1  ...
2  color col;// 色のための変数
3  colorMode(HSB, 1); //01 区間をパラメータとする HSB 色形式を使用
4  ...
5  col = color(random(1), 1, 1); // 色相のみを 01 区間でランダムに変える
6  fill(col);
7  rect(xPos, yPos, wd, wd);
```

まず colorMode でコンピュータで色を表示するための形式を指定します．例えば colorMode(HSB, 1) ならば，HSB 形式で 0 以上 1 以下の数値で色の変数を指定します．Processing ではデフォルトのカラー形式は RGB ですが，色の明るさや彩度を保ったまま色を変えるには HSB 形式の方が扱いやすいでしょう．正方形の内部の色を塗りつぶすには fill 関数を使います．rect 関数の前に fill(color(h, s, b)) を書けば，HSB の H 値（色相）が h，S 値（彩度）が s，B 値（明度）が b であるような色によって四角形を塗りつぶします．このコードでは random 関数を使って，明るさと彩度を保ったまま色相のみをランダムに変えています（図 1.4）．

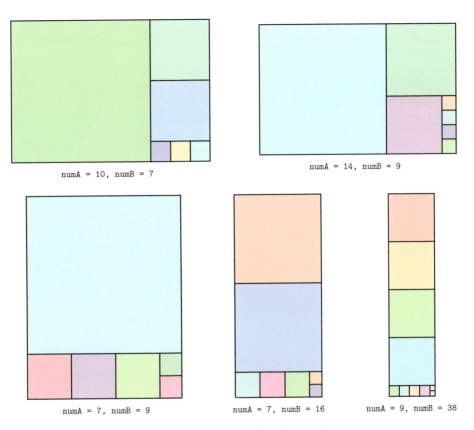

図 1.4：長方形の正方形による分割（DivRectColor）

1.2.2 長方形の正方形による分割

　ユークリッド互除法で得た長方形の分割に対し，その横幅が縦の長さと同じになるように縮小・拡大すると，長方形による正方形分割ができます．例えば，図 1.2 の長方形の横幅を 0.6 倍に縮小すると，一辺が 6 の正方形を横縦の比が 6 : 10 である長方形によって分割することができます（図 1.5）．このとき，その最も小さい長方形の長辺が最大公約数に対応しています．

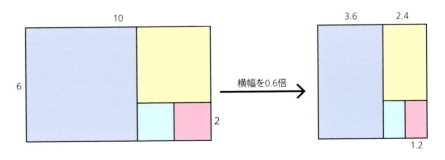

図 1.5：長方形による正方形の分割

このことから自然数 a と b の最大公約数を求めるアルゴリズムは，正方形を 横：縦 $= b : a$ の辺の比を持つ長方形によって分割することで可視化できます．ここで縦横の比率を $r = \frac{b}{a}$ とすると

$$横：縦 = b : a = r : 1 = 1 : \frac{1}{r}$$

となります．この比率をうまく使って，正方形の長方形による分割をコーディングしてみましょう．

コード 1.4：長方形による正方形の分割　　DivSquare

```
1   // 縦横比が numA:numB の長方形によって正方形の描画ウィンドウを分割
2   int numA = 10;
3   int numB = 6;
4   float ratio = (float) numB / numA; // 比率
5   float xPos = 0;
6   float yPos = 0;
7   int itr = 0;
8   // 描画
9   size(500, 500);
10  colorMode(HSB, 1);
11  float wd = width; // 描画ウィンドウの横幅サイズを初期値とする
12  // 繰り返し処理
13  while (wd > 0.1){ // 幅が許容誤差より大きければ以下を実行
14    itr++;
15    if (itr % 2 == 1){ // 縦幅が wd の長方形を x 軸方向へ加える
16      while (xPos + wd * ratio < width + 0.1){
17      //幅を足したとき，横幅がウィンドウを超えなければ以下の処理を実行
18        fill(color(random(1), 1, 1));
19        rect(xPos, yPos, wd * ratio, wd); // 縦幅 wd，縦横比が numA:numB の長方形
20        xPos += wd * ratio; //x 位置を更新
21      }
22      wd = width - xPos;
23    } else { // 横幅が wd の長方形を y 軸方向へ加える
24      while (yPos + wd / ratio < width + 0.1){
25      //幅を足したとき，縦幅がウィンドウを超えなければ以下の処理を実行
26        fill(color(random(1), 1, 1)); // ランダムに色を指定
27        rect(xPos, yPos, wd, wd / ratio); // 横幅 wd，縦横比が numA:numB の長方形
28        yPos += wd / ratio; //y 位置を更新
29      }
30      wd = width - yPos;
31    }
32  }
```

コード 1.4 では，正方形の描画ウィンドウを，縦横の比が numA : numB であるような長方形によって分割しています．コード 1.2 を改変し，幅 wd に numA と numB の比率 ratio をかけ，縦と横の長さを変えています．ここで変数 ratio は整数値ではないため，int の代わりに float を使います．float は浮動小数点数（floating-point number）と呼ばれる型の変数で，小数点以下が 0 でないような数を扱うことができます．数学では分数で書ける数のことを**有理数**といい，数直線上にある数のことを**実数**といいますが，こういった数を扱うときに float を使います．4 行目では (float) を頭につけることにより，有理数としての値を float 値で表しています．

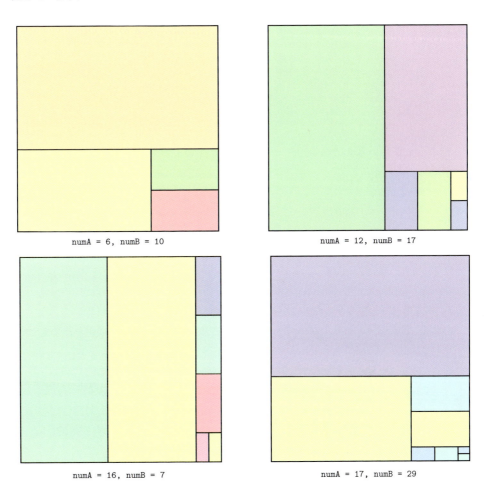

図 1.6：正方形の長方形による分割（DivSquare）

■ float型変数の許容誤差

floatを使うときには注意が必要です．それはfloat値は小数点以下の桁数が限られており，あくまで**実数や有理数の近似値**にすぎないからです．例えば数学では

$$\frac{1}{3} = 0.33333\cdots$$

は小数点以下無限に 3 が続く数ですが，コンピュータ上では必ず途中で止まります．よって算数では

$$3 \times \left(1 - \frac{1}{3}\right) = 2$$

となる計算も，コンピュータの数値計算では以下のように処理されます．

```
1  // 数値計算による float 値の許容誤差
2  float n = 1.0 / 3; //1 を float の値とするには "1.0" と書く必要がある
3  float m = 1 - n;
4  print(3 * m); //1.9999999 と表示される
```

したがって正しい答えである 2 とコンピュータ上の計算結果である 1.9999999 には 0.0000001 の差があります．この誤差は**許容誤差**や丸め誤差と呼ばれ，コード 1.4 の 13,16,24 行目の条件ではこの誤差を考慮しています[*1]．プログラミングでループを扱う場合，この許容誤差によってループから抜け出せなくなることがしばしばあるので注意しましょう．

註 2［数値処理と数式処理］ 数値データをやり取りするようなコンピュータ上の計算手法は，数値処理と呼ばれています．数値処理では，例えば $\frac{1}{3}$ はその近似値である 0.333333 でやり取りするため（小数点以下の長さは数値のデータ形式によります），必然的に許容誤差が生じ，プログラムではその許容誤差を考慮する必要があります．コンピュータで計算する多くの状況において，許容誤差は無視できるような小さな数値ですので，それが問題を引き起こすことは少ないですが，それが精密さを要求するような状況においては無視できません．$\frac{1}{3}$ を正確にデータとしてやり取りするには，1 ÷ 3 という数式自体をやり取りするのが望ましいわけですが，そういった数式データをやり取りする手法は数式処理と呼ばれており，Mathematica などの数式処理システムが有名です．

[*1] ここで許容誤差を 0.1 に設定していますが，この値は数値の大きさに応じてうまくとる必要があります．

■ 画像を保存する

作った画像を保存してみましょう．

コード 1.5：画像の保存　　DivSquareRecorder

```
1  import processing.pdf.*; //PDF 保存のためのライブラリを読み込み
2  ...
3  String namePDF = str(numA) + "_" + str(numB) +".pdf"; //PDF の保存ファイル名
4  String namePNG = str(numA) + "_" + str(numB) +".png"; //PNG の保存ファイル名
5  beginRecord(PDF, namePDF); //PDF 形式データの保存開始
6  ...
7  endRecord(); // 保存終了
8  save(namePNG); //PNG 形式で描画ウィンドウを画像保存
```

　コンピュータで扱う画像には，主要なものとしてラスター形式とベクター形式があります．簡単に言うと，カメラで撮った画像はラスター形式で，Illustrator で作った画像はベクター形式です．ラスター形式は手軽に扱うことができますが，サイズ拡大などの画像加工をすると劣化します．一方，ベクター画像は画像加工しても劣化しませんが，自然物のような複雑なかたちを表現するのには向いていません．用途に応じてラスター形式，ベクター形式を使い分けるのが良いでしょう．ラスター形式（TIFF（.tif），TARGA（.tga），JPEG（.jpg），PNG（.png））で保存するには save 関数を使います．ベクター形式（PDF（.pdf），SVG（.svg））で保存するには，まず書き出すためのライブラリを読み込むため，冒頭に "import processing.pdf.*;" という一行を入れます．そして出力したい部分を beginRecord と endRecord で囲みます．

1.3　再帰

　合わせ鏡を思い出してみましょう．これは鏡を持って鏡に映ると，その鏡の中に鏡を持った自分が映り，さらに自分の持った鏡の中に鏡を持った自分が映り，さらにその鏡の中に…，といった反復繰り返し現象のことです．永遠に続くと思われるこの繰り返しの中に吸い込まれてゆくような錯覚を覚えますが，**再帰**とはこういった性質を持つ繰り返し構造のことです．再帰はプログラミング自体はシンプルである一方，人間が計算・描画するのが大変なものの典型例です．前節までに学んだユークリッド互除法の可視化に再帰性を加えて，視覚表現をしてみましょう．

1.3.1　分割の分割

　これまでに見た長方形の正方形による分割（コード 1.2）と正方形の長方形による分割（コード 1.4）を組み合わせると，長方形の長方形による分割，または正方形の正方形による分割を考えることができます．

■ 関数の定義

コードが複雑になると，コード全体を見渡すのが大変になります．部屋に荷物が増えると箱に小分けにして整理するように，コーディングも整理整頓が肝心です．プログラムがやっていることは，要は「ある変数を入れると，ある結果が生じる」の組み合わせなので，この一連の処理をひとまとめにしてやると，全体が見やすくなります．そのために関数を定義しましょう．

プログラミングにおける関数とは，変数に対し，何らかの処理を行うことでした．関数で処理を行うために渡す変数を **引数**（ひきすう）といいます．そして処理して得られた結果を他の変数に渡すとき，それを **戻り値** と呼びます．例えば，数学で $f(x) = x^2 - 2$ という関数を考えるならば，この x が関数 f の引数であり，$y = f(x)$ は変数 y に戻り値 $x^2 - 2$ を代入する，という意味になります．プログラミングで関数がどういったものか理解するために，少々まどろっこしい方法でこれをコーディングしてみましょう．

```
1   // 関数を使った 3*3-1 の計算
2   void setup(){ // 最初に 1 回実行する関数
3     float x, y; // 変数
4     x = 3; //x に 3 を代入
5     y = function(x); //y に関数の戻り値を代入
6     print(y); //y を表示
7   }
8   float function(float x){ // 関数の定義，x が引数
9     return x * x - 2; // 戻り値
10  }
```

このコードでは 2 つの関数が使われています．1 つは 2〜7 行目に書かれている setup 関数です．setup 関数はプログラムを動かすと同時に 1 回実行する関数です．Processing では必ず setup 関数が最初に実行されます[*2]．これは void 型関数と呼ばれ，戻り値のない関数です（"void" は「空っぽ」を意味します）．また () 内に何も入っていないことから，引数もありません．数学の関数には必ず「引数」も「戻り値」もありますが，プログラミングでは「引数も戻り値もない関数」が存在します．関数を実行することを **呼び出す**，関数に実行させる内容，つまり { } の中に書かれた内容を関数の **定義** といいます．8〜10 行目で定義された関数 function は，$f(x) = x^2 - 2$ の計算を行う関数です．これは setup 関数内で呼び出されます．この関数は引数 x に対し，戻り値として x * x - 2 を返します．

[*2] 今までのコードでは setup 関数を明示していませんでしたが，その場合は setup 関数が省略されている，と見なされます．

■ 長方形の長方形による分割

　長方形の正方形による分割によって得た正方形を，さらに長方形によって分割してみましょう．すると，図 1.7 のように長方形の長方形による分割が得られます．ここで分割に使われる長方形は，元の長方形と縦横の比が逆になった相似な長方形であることが分かります．これをコーディングしてみましょう．

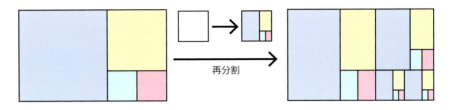

図 1.7：長方形の長方形による分割

コード 1.6：長方形の長方形による分割　　RectDivRect

```
// 縦横比が numB:numA の長方形を逆の比の長方形によって分割
int numA = 10;
int numB = 6;
float ratio = (float) numB / numA;
void setup(){ // 最初に 1 度だけ実行する関数
  size(500, 500);
  colorMode(HSB, 1);
  // この関数内だけのローカル変数
  int itr = 0;
  float xPos = 0;
  float yPos = 0;
  float wd = width * ratio;
  while (wd > 0.1){
    itr++;
    if (itr % 2 == 1){
      while (xPos + wd < width + 0.1){
        divSquare(xPos, yPos, wd); // 正方形を分割する関数の呼び出し
        xPos += wd;
      }
      wd = width - xPos;
    } else {
      while (yPos + wd < width * ratio + 0.1){
        divSquare(xPos, yPos, wd); // 正方形を分割する関数の呼び出し
        yPos += wd;
      }
      wd = width * ratio - yPos;
    }
  }
}
```

コードが長くなる場合，別のファイルを作って，関数の部分のみを独立させると便利です．Processing IDE では新しいタブを作れば，自動的にファイルが生成されます．以下，正方形の分割を行う関数を別のファイルに分けます．コード 1.6 はコード 1.2 の 19, 25 行目で rect 関数によって正方形を描いていた箇所を divSquare 関数（コード 1.7）呼び出しに置き換えています．

コード 1.7：正方形を分割する関数　　RectDivRect

```
1   // 位置 (xPos,yPos) にある 1 辺が wd の正方形を縦横比が numA:numB の長方形で分割する
2   void divSquare(float xPos, float yPos, float wd){
3     // この関数内だけのローカル変数
4     int itr = 0;
5     float xEndPos = wd + xPos; // 正方形の右下の頂点の x 座標
6     float yEndPos = wd + yPos; // 正方形の右下の頂点の y 座標
7     //繰り返し処理
8     while (wd > 0.1){
9       itr++;
10      if (itr % 2 == 1){
11        while (xPos + wd * ratio < xEndPos + 0.1){ //ratio はグローバル変数
12          fill(color(random(1), 1, 1));
13          rect(xPos, yPos, wd * ratio, wd);
14          xPos += wd * ratio;
15        }
16        wd = xEndPos - xPos;
17      } else {
18        while (yPos + wd / ratio < yEndPos + 0.1){
19          fill(color(random(1), 1, 1));
20          rect(xPos, yPos, wd, wd / ratio);
21          yPos += wd / ratio;
22        }
23        wd = yEndPos - yPos;
24      }
25    }
26  }
```

　divSquare 関数（コード 1.7）はコード 1.4 をもとに，それを関数の形式に書き換えたものです．引数 xPos，yPos は正方形の座標位置（左上の頂点の座標），wd は辺の長さを指定するための変数です．この関数を呼び出すことにより，この正方形の分割が実行されます．

　関数を使う場合，グローバル変数とローカル変数という 2 種類の変数があることに注意してください．グローバル変数はすべての関数内で使える変数であり，ローカル変数は関数内だけで使える変数です．関数の引数や関数の中で定義された変数はローカル変数ですので，これは別の関数内では使えません．

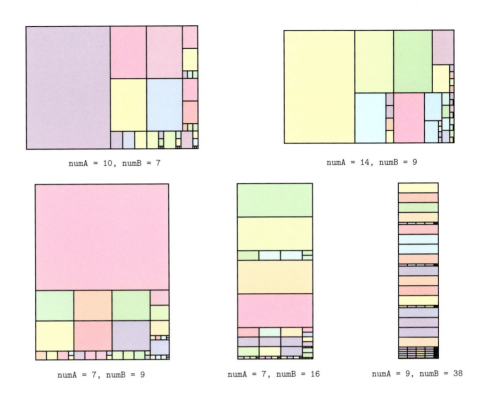

図 1.8：長方形の長方形による分割（RectDivRect）

1.3.2　分割の繰り返し

　分割の分割を繰り返せば，正方形を長方形に分割し，その長方形を正方形に分割し，その正方形を長方形に分割し，…というように分割を永遠に繰り返すことが可能です．こういった処理は**再帰処理**と呼ばれます．これは関数呼び出しを交互に繰り返すことによってコーディングすることができます．しかしここで注意が必要なのは，再帰処理を行うと**コンピュータの処理量が急激に増大する**ことです．例えば図 1.9 の再帰処理を行うと，1 回の分割で 4 個の長方形を描き，その次の分割で $4 \times 4 = 16$ 個の正方形を描き，その次の分割では $16 \times 4 = 64$ 個の長方形を描きます．つまり n 回繰り返すと 4^n 個の四角形を描く必要があります．例えば

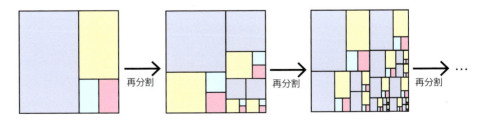

図 1.9：再帰的な分割

第 1 章　ユークリッド互除法

20 回繰り返すとおよそ 1 兆個の長方形を描くことになりますが，コンピュータの処理能力とディスプレイの解像度，人間の目の知覚には限度があるため，処理を途中で止める必要があります．このため，通常プログラミングで再帰処理をするときは処理を途中で止めるために**しきい値** (threshold) と呼ばれる値を設定します．

コード 1.8：正方形の再帰的な分割　RecurDivSquare

```
1   int numA = 10;
2   int numB = 6;
3   float ratio = (float) numB / numA;
4   float thr = 160; // しきい値
5   void setup(){
6     size(500, 500);
7     colorMode(HSB, 1);
8     divSquare(0, 0, width); // 正方形の分割
9   }
```

まず正方形からスタートし，そこから正方形を分割する divSquare 関数（コード 1.9）を呼び出します．この関数が呼び出されると正方形を描画し，引数に応じて再帰処理を行います．

コード 1.9：長方形を分割する関数　RecurDivSquare

```
1   void divSquare(float xPos, float yPos, float wd){
2     ...
3     fill(color(random(1), 1, 1));
4     rect(xPos, yPos, wd, wd);
5     while (wd > thr){ //wd がしきい値以上の場合に処理を行う
6       ...
7       divRect(xPos, yPos, ...); // 長方形を分割する関数の呼び出し
8       ...
9     }
10  }
```

コード 1.9 はコード 1.7 の 8 行目の停止条件をしきい値を下限とする条件に変え，さらに 13，20 行目の rect 関数による描画を divRect 関数（コード 1.10）呼び出しに置き換えています．

コード 1.10：長方形を分割する関数　RecurDivSquare

```
1   // 位置 (xPos,yPos) にある横幅 wd で縦横比が numA:numB の長方形を正方形によって分割
2   void divRect(float xPos, float yPos, float wd){
3     int itr = 0;
4     float xEndPos = xPos + wd;
5     float yEndPos = yPos + wd / ratio;
6     fill(color(random(1), 1, 1));
7     rect(xPos, yPos, wd, wd / ratio);
```

```
 8    while (wd > thr){ // 長方形の幅がしきい値以上の場合に処理を行う
 9      itr++;
10      if (itr % 2 == 0){
11        while (xPos + wd < xEndPos + 0.1){
12          divSquare(xPos, yPos, wd); // 正方形を分割する関数の呼び出し
13          xPos += wd;
14        }
15        wd = xEndPos - xPos;
16      } else {
17        while (yPos + wd < yEndPos + 0.1){
18          divSquare(xPos, yPos, wd); // 正方形を分割する関数の呼び出し
19          yPos += wd;
20        }
21        wd = yEndPos - yPos;
22      }
23    }
24  }
```

コード 1.10 はコード 1.9 を長方形を分割する関数に変えたものです．ここでも横幅の値 wd がしきい値以上の場合は正方形をさらに分割する divSquare 関数（コード 1.9)を呼び出します．これによって相互に関数を呼び出す再帰処理ができました．これらの処理を繰り返すたびに wd は縮小するため，この描画はある段階でしきい値を下回り停止します．

■ マウスクリックによる動作

人間とコンピュータの相互作用（インタラクション）をプログラムに加えてみましょう．Processing にはマウス操作を使ったインタラクティブな関数が多く備わっており，これを加えるとマウスを使ってかたちの変化を見ることができます．

コード 1.11：マウスをクリックしたときに実行される関数　　RecurDivSquare

```
 1  void mouseClicked(){
 2    numA = int(random(1, 20)); //1 以上 20 以下のランダムな整数を代入
 3    numB = int(random(1, 20));
 4    while (numA == numB){ //numA と numB が異なるようにする
 5      numB = int(random(1, 20));
 6    }
 7    thr = int(random(10, 300));
 8    println("numA =", numA, "numB =", numB,"thr =", thr); //numA,numB,thr の値を表示
 9    ratio = (float) numA / numB;
10    background(0, 0, 1); // 背景を白で消去
11    divSquare(0, 0, width);
12  }
13  void draw(){} // プログラムを実行している間，繰り返し実行する関数
```

mouseClicked 関数（コード 1.11）はマウスをクリックするたびに実行する関数です．クリックのたびにパラメータ numA，numB，thr の値を変え，かたちのランダムな変化を見ることができます．draw 関数は繰り返し実行する関数です．ここでは何も定義していませんが，プログラムを実行している間マウス操作をスタンバイしている状態にするために必要となります．

■ **課題 1.3**　ユークリッド互除法を使い，長方形を再帰的に分割するプログラムを作れ．

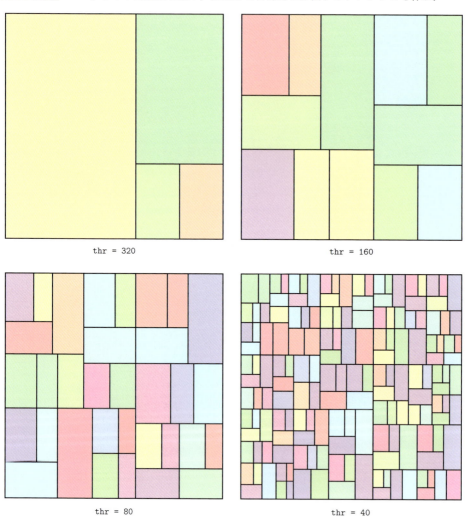

図 1.10：正方形の再帰的な分割（RecurDivSquare🖱：numA = 10, numB = 6）

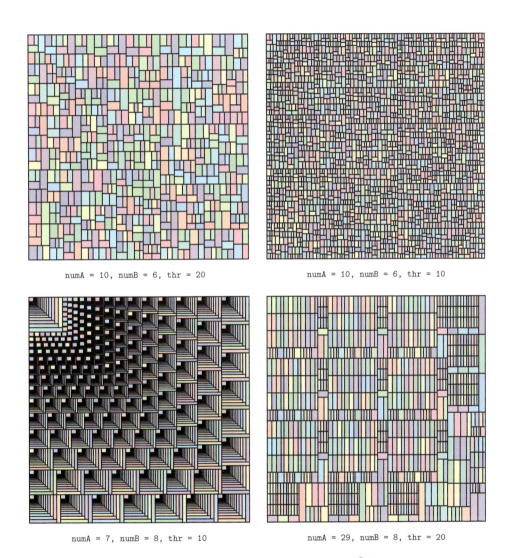

図 1.11：正方形の再帰的な分割（RecurDivSquare）

■ GUIプログラミング

ガスコンロの火を調整するように，つまみやスライダーでパラメータの数値を調整でき，それに従ってリアルタイムにかたちが変形できれば，連続的なパラメータ変形の様子を観察することができます．Processing ではこのような GUI [3] のためのライブラリとして，controlP5 があります．これを使って RecurDivSquare の GUI プログラムを作ってみましょう．

コード 1.12：正方形の再帰的な分割の GUI プログラム　📄 RecurDivSquareGUI

```
1   import controlP5.*; //controlP5 ライブラリを読み込み
2   ControlP5 cp5; //ControlP5 クラスの変数を宣言
3   ...
4   void setup(){
5     ...
6     controller(); //cp5 のコントローラを呼び出し
7     ...
8   }
9   void draw(){
10    ...
11    if(ratio != 1){ //numA と numB が異なるとき実行
12      divSquare(0, 0, width);
13    }
14    ...
15  }
```

まずプログラムを動かす前に controlP5 ライブラリをインストールしておきましょう．コードの冒頭で controlP5 ライブラリを読み込みます．そもそもライブラリとは何かというと，大雑把に言えば**クラス**のあつまりのことです．そしてクラスはデータの型や操作がひとまとめにパッケージされたもののことです[4]．コード 1.12 では setup 関数内で controller 関数（コード 1.13）を呼び出し，コントローラを設定します．

コード 1.13：controlP5 のコントローラ設定を行う関数　📄 RecurDivSquareGUI

```
1   // グローバル変数をコントローラで操作する
2   void controller(){
3     cp5 = new ControlP5(this); // コントローラを生成
4     cp5.addSlider("numA") //numA の値を動かすスライダー
5       .setPosition(10,10) // スライダーの位置
6       .setSize(100,20) // スライダーのサイズ
7       .setRange(1,40) // 最小値と最大値
8       .setValue(10) // 初期値
9       .setColorCaptionLabel(0) // スライダーの文字の色
10      ;
11    ...
12  }
```

---

[3] Graphical User Interface の略．コンピュータと人間の仲介を視覚的に行う手段．
[4] クラスを正しく理解するためにはオブジェクト指向プログラミングに立ち入る必要がありますが，ここではさしあたり ControlP5 クラスは GUI 設定のための便利な拡張機能と理解しておけば構いません．

controller 関数（コード 1.13）では，スライダーやボタンの位置や大きさに関する設定を行います．このプログラムでは色をランダムに変えるボタンと画像保存するボタンも付け加えています．

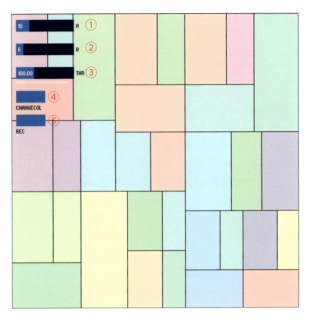

① numAの値を動かすスライダー
② numBの値を動かすスライダー
③ しきい値を動かすスライダー
④ ランダムに色を変えるボタン
⑤ 画像保存するボタン

図 1.12：controlP5 ライブラリを使った GUI（RecurDivSquareGUI CP5）

註3［ユークリッド環］ユークリッド互除法は，そもそも 2 つの自然数の最大公約数を求めるアルゴリズムでしたが，本質的には足し算・引き算・かけ算しか使っておらず，その余りを減らしてゆくことによってなされています．つまりこの「足し算」「引き算」「かけ算」「余りの大きさ」に相当するものが与えられた体系においては，ユークリッド互除法を適用することができます．「足し算」「引き算」「かけ算」が与えられた体系を代数学では環と呼び，ユークリッド互除法が適用できる「余りの大きさ」が与えられた環をユークリッド環といいます．このような一般化により，ユークリッド互除法は整数のみに限らず，様々な数の体系や多項式全体に適応することが可能です．
詳しくは，例えば［SR, 第 8 章］参照．

第2章 連分数

　ユークリッド互除法の可視化は，2つの自然数 a, b に対し，辺の比が $a : b$ の長方形を分割することによってなされました．この分割は比率 $r = a/b$ によってかたちが決まります．この比率の数としての性質と分割の仕方にはどのような関係があるのでしょうか？そこには連分数が関連しています．

この章のキーポイント

- 2つの自然数によるユークリッド互除法の可視化（四角形の分割）は，その比率の連分数表示によって分割の個数が決まる
- 有理数は有限で止まる連分数，無理数は無限に続く連分数で表される．とくに平方根は循環しながら無限に続く連分数（循環連分数）で表される
- 循環連分数によって四角形を分割すると，自己相似性を持つ際限のない分割があらわれる
- 循環連分数による際限のない分割は，無限級数を可視化している

この章で使うプログラム

- DivRect: 長方形の正方形による分割（前章と同じ）
- DivSquare: 正方形の長方形による分割（前章と同じ）
- DivRectZoom 🖱: DivRect による分割の細部を拡大表示する
- RecurDivSquare: 正方形の再帰的な分割（前章と同じ）
- Mondrian 🖱: 黄金分割を使ってモンドリアンもどきの絵を描く
- GoldDivGUI CPS: 再帰的な黄金分割の GUI プログラム

2.1 有理数と連分数

小学校の算数の世界に戻りましょう．小学校の算数で分数を習うとき，
$$\frac{a}{b} = a \div b$$
だと教わりました．また算数の「約束事」として，分母の b は 0 としてはいけない，としたはずです．この 0 で割ってはいけない，というのはプログラミングでも同じですので，注意しましょう．小学校では a, b はともに自然数としましたが，割り算は自然数だけとは限りません．例えば $a = 1, b = \frac{4}{3}$ とすると，分数の割り算より，
$$\frac{1}{\frac{4}{3}} = 1 \div \frac{4}{3} = 1 \times \frac{3}{4} = \frac{3}{4}$$
となります．さらに $\frac{4}{3} = 1 + \frac{1}{3}$ より
$$\frac{3}{4} = \frac{1}{1+\frac{1}{3}}$$
と書けます．この右辺の様な数を**連分数**と呼びます．一般に連分数は次のように定義されます．

連分数

a, b, c を自然数とする．$a + \cfrac{1}{b+\frac{1}{c}}$ のように，分母に分数が連なる数を連分数という．簡略のため，これを $[a; b, c]$ と書く．

他の数でも連分数を計算してみましょう．
$$\frac{10}{7} = 1 + \frac{3}{7} = 1 + \frac{1}{\frac{7}{3}} = 1 + \frac{1}{2+\frac{1}{3}} = [1; 2, 3]$$
$$\frac{7}{9} = \frac{1}{\frac{9}{7}} = \frac{1}{1+\frac{2}{7}} = \frac{1}{1+\frac{1}{\frac{7}{2}}} = \frac{1}{1+\frac{1}{3+\frac{1}{2}}} = [0; 1, 3, 2]$$

分数を連分数で表したときに並ぶこれらの数は，実はユークリッド互除法による四角形の分割と関係しています．実際，ユークリッド互除法による長方形の分割を考えれば，正方形の個数が連分数表示で表れる数と対応しています（図2.1）．つまり**有理数を連分数で表すことは，ユークリッド互除法を実行していることと同じ**だということが分かります．

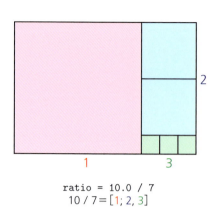 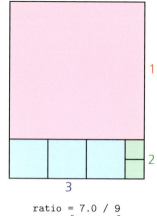

図 2.1：ユークリッド互除法による長方形の分割と正方形の個数 (DivRect)

課題 2.1　$\frac{9}{14}$, $\frac{16}{7}$, $\frac{38}{9}$ を連分数で表し，それが図1.4と対応していることを確かめよ．

課題 2.2　次の連分数を分数で表せ．

（1）　$[1; 3, 2]$　　（2）　$[1; 2, 3, 4]$　　（3）　$[0; 1, 2, 3, 4]$

2.2　循環連分数と自己相似性

　有理数は分数で表すことができる数でしたが，分数で表すことのできない数を**無理数**と呼びます．今まで縦横の比率が有理数であるような場合について見てきましたが，それが無理数の場合どうなるかを見てみましょう．例えば $\sqrt{2}$ は無理数ですが，DivRect で ratio に sqrt(2) を代入し実行してみましょう．ここで sqrt は平方根（square-root）を計算する関数です．すると図 2.2 のように描画されます．今まで見てきた有理数による分割は有限個の四角形によって分割されていましたが，$\sqrt{2}$ の場合は右下に行くほど正方形は縮小し続け，分割がどんどん細かくなっていくのが分かります．

課題 2.3　自然数 N が平方数（整数の二乗である数）でないとき，$\sqrt{N}$ が無理数であることを示せ．

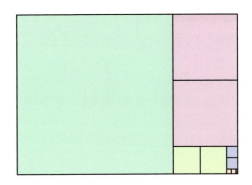

図 2.2：縦横比 $1:\sqrt{2}$ の長方形の分割（DivRect: ratio = sqrt(2)）

2.2.1 分割の拡大

　無理数による際限のない分割は，細かくなるにしたがって正方形が小さくなり，ある段階でディスプレイ上では潰れてしまいます．正方形を拡大できるようにプログラミングし，分割の仕方がどのように変わるのか見てみましょう．Processing ではマウスの操作を拾う変数が用意されています．長方形の分割をマウスを動かして右下にズームするプログラムを作ってみましょう．

コード 2.1：マウスによる分割の拡大　　DivRectZoom

```
1   float ratio = sqrt(2);
2   void setup(){
3     size(500, 353); // 描画ウィンドウの横縦比を sqrt(2):1 に設定
4     colorMode(HSB, 1);
5   }
6   void draw(){
7     background(0, 0, 1);
8     float scalar = pow(50, mouseX * 1.0 / width) * width;
9     // マウスのカーソルの X 座標によって長方形を 1～50 倍まで拡大する
10    divRect(width - scalar, height - scalar / ratio, scalar); // 長方形を分割
11  }
```

　マウスの位置によって描画を変化させるため，コード 2.1 では draw 関数を使って描画を繰り返しています．mouseX はマウスのカーソルの x 座標を得る変数です．8 行目ではそれを使ってマウスの x 座標位置によって拡大倍率を決めています．ここでは右下にズームさせたいので，拡大した長方形の右下頂点の位置が描画ウィンドウの右下の角に重なるように長方形を移動させています．さらにこのコードでは正方形の大きさに応じて色を変えています．

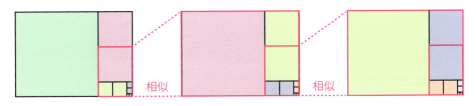

図 2.3：縦横比 $1:\sqrt{2}$ の長方形の分割と自己相似性（DivRectZoom）

この描画結果（図 2.3）を見ると，ズームしても同じ分割が現れ続けることから，合わせ鏡の様な性質を持っていること，すなわち前章で見た再帰性が表れています．また，ここでは右下の赤線で囲った部分が全体と相似であることが分かります．こういった「部分」と「全体」が相似であるような性質を**自己相似性**と呼びます．$\sqrt{2}$ という数は，小数点以下一見ランダムに数字が並んでるだけのように見えますが，**実はそこには自己相似性が隠されていた**のです．

課題 ** 2.4 縦横比が無理数の長方形は有限個の正方形で分割できないことを示せ．

註 4 ［コピー用紙の自己相似性］ 普段コピーやプリントアウトをする際に使う A4 のコピー用紙のサイズを測ってみましょう．すると長辺 297 mm，短辺 210 mm になっているはずです．これは JIS という規格によって定められており，日本で使う A4 の紙はこのサイズであることが決められています．この長辺と短辺の比をとると，$a/b = 297/210 = 1.41428\cdots$ と $\sqrt{2} = 1.41421\cdots$ に非常に近い値になっています．コピー用紙の規格は他にも A5 や A3，B4 や B5 などがありますが，実はすべて長辺と短辺の比が $\sqrt{2}$ に近い値になっていることが確かめられます．これは偶然そうなったわけではなく，コピー用紙規格の自己相似性から必然的にこの数になっているのです．

コピー用紙の規格は，長辺を半分にすると数が増えます．つまり A4 の半分は A5，B5 の半分は B6 です（さらに A5 の対角線の長さが B5 の長辺と一致します）．元のサイズの長辺を a，短辺 b とすれば，半分のサイズは長辺が b で短辺が $a/2$ です．さらにこれらの規格は，半分のサイズが元のサイズと相似，という特徴を持っています．よって $a : b = b : a/2$ であるため，$a/b = \sqrt{2}$ が成り立ちます．

2.2.2 循環連分数

連分数による表示は，分割の正方形の個数に表れることを図 2.1 で見ました．そのルールに従うと，図 2.2 より $\sqrt{2}$ の連分数による表示は $[1; 2, 2, 2, 2, \cdots]$ と際限なく 2 が続くような連分数であることが推測されます．このように，ある繰り返しのパターンが限りなく続く連分数を**循環連分数**といいます．簡略のため，$[1; 2, 2, 2, \cdots] = [1; \overline{2}]$ と書くことにします．このとき $x = [1; \overline{2}]$ がどのような数になるか求めてみましょう[*1]．

$$x = [1; \overline{2}] = 1 + \cfrac{1}{2 + \cfrac{1}{2 + \cfrac{1}{2 + \cdots}}}$$

ここで四角で囲んだ部分に注目してみましょう．すると，ここも循環連分数になっていること

[*1] まず先に循環連分数の収束を考える必要があるのですが，それは次章で議論します．ここでは $[1; \overline{2}]$ が正の実数であることとします．

が分かります．

$$2 + \cfrac{1}{2+\cfrac{1}{2+\cdots}} = [2;\overline{2}] = x+1$$

これらの数式を合わせると，$x = 1 + \frac{1}{x+1}$ が得られます．両辺に $x+1$ をかけると

$$x(x+1) = (x+1) + 1 \quad \therefore x^2 - 2 = 0$$

となります．よって $x > 0$ より，$x = \sqrt{2}$ が得られます．

一方，連分数と同様に分数の計算を $\sqrt{2}$ に対して行うと，

$$\sqrt{2} = 1.4142135\cdots = 1 + \boxed{0.4142135\cdots}$$

$$= 1 + \frac{1}{\frac{1}{0.4142135\cdots}} = 1 + \cfrac{1}{2+\boxed{0.4142135\cdots}} \tag{2.1}$$

が成り立ちます．ここで分母が 0 でない実数 x の場合，普通の分数と同様に $1/x$ を $1 \div x$ によって計算しています．この式の四角で囲んだ部分は同じなので，$0.4142135\cdots$ の部分に $\frac{1}{2+0.4142135\cdots}$ を代入し，さらにそれを繰り返せば $\sqrt{2} = [1;\overline{2}]$ が得られます．この方法を使えば，数値計算によって $\sqrt{2} = [1;\overline{2}]$ を確かめることができます[*2]．

式 (2.1) のような連分数の展開方法は，$\sqrt{2}$ に限らず，無理数を含めたすべての実数に適用することができます．実数を連分数で表すことを，**連分数展開**と呼びます．$\sqrt{2}$ は循環連分数で表すことができましたが，すべての無理数が循環連分数であるとは限りません．例えば円周率 π はこの方法で表すと，$\pi = [3;7,15,1,292,1,1,\cdots]$ となり，循環しない連分数として表されます．循環連分数に関しては次の事実が知られています．

循環連分数の特徴

ある実数を連分数展開したとき，それが循環連分数となるのは 2 次方程式 $ax^2 + bx + c = 0$（a,b,c は整数，$b^2 - 4ac$ は平方数ではない正の数）の解となる場合に限る．

課題 2.5 次の循環連分数を解とする 2 次方程式を求めよ．

(1) $[3;\overline{3}]$ (2) $[1;\overline{2,1}]$ (3) $[0;1,\overline{2}]$

[*2] ただしコンピュータによる数値計算は許容誤差があるため，計算を続けると $0.4142135\cdots$ から少しずつずれてきます．

課題 2.6 図2.4から $\sqrt{3}$ がどのような循環連分数になるか推測し，それを数値計算による連分数展開によって確かめよ．

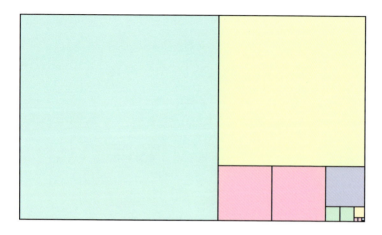

図2.4：縦横比 $1:\sqrt{3}$ の長方形の分割（`DivRect`: `ratio = sqrt(3)`）

課題＊2.7 円周率 π は2次方程式の解ではないので，循環連分数で表すことはできないが，

$$\pi = 3 + \cfrac{1}{6+\cfrac{3^2}{6+\cfrac{5^2}{6+\cfrac{7^2}{6+\cdots}}}}$$

と変則的な連分数で表すことができる．この連分数展開を途中まで計算し，その値が π に近いことを確かめよ．

■ 黄金数

循環連分数 $[1;\overline{1}]$ について考えてみましょう．この数は**黄金数**と呼ばれ，様々な興味深い性質を持っていることが知られています．この本では黄金数をギリシャ文字 ϕ（ファイ）によって表すことにします．黄金数 ϕ がどのような数か求めてみましょう． $\sqrt{2}$ の場合と同様に，

$$\phi = [1;\overline{1}] = 1 + \cfrac{1}{1+\cfrac{1}{1+\cdots}} = 1 + \cfrac{1}{\phi} \qquad (2.2)$$

が成り立つことから， $\phi^2 = \phi + 1$ の関係式が得られます．よって二次方程式の解の公式より

$$[1;\overline{1}] = \frac{1+\sqrt{5}}{2}$$

であることが分かります．$1:\phi$ の比率を**黄金比**と呼び，短辺と長辺の比率が黄金比である長方形を**黄金長方形**と呼びます．線分，もしくは長方形を $1:\phi$ の比率で分割することを**黄金分割**と呼びます．黄金長方形の正方形による黄金分割は `DivRect` で `ratio` に黄金数を代入することで得られます．（図2.5）

図 2.5：黄金長方形の黄金分割（DivRect: ratio = (1 + sqrt(5))/2）

註 5 [代数的数と超越数] 実数は代数的数と超越数という 2 つに分類することもできます．ここで代数的数は（有理数係数の）代数方程式の解となるような数であり，超越数はそうでない数です．この本で出てきた有理数や平方根 $\sqrt{\bullet}$，循環連分数は代数的数です．実は私たちが「知っている」実数はほとんどが代数的数であり，超越数は円周率 π やネイピア数 e（註 9）など非常に限られています．しかし，実数全体の中で見ると，その「ほぼすべて」が超越数なのです．ここで「ほぼすべて」という言葉の正確な意味は，測度という数学的概念によって定義されます．例えば，私たちは数学で「0 以上 1 以下の実数」全体の集合を当たり前のように扱いますが，実はそこに含まれるほぼすべての数は知らないのです．

2.2.3　再帰的な分割

　長方形と正方形の循環連分数による分割を見てきましたが，これを組み合わせると，前章と同様に再帰的な分割を作ることができます．RecurDivSquare で ratio に循環連分数を代入し，再帰的な分割を描いたものが図 2.6 です．

　この図を見ると，黄金分割（図 2.6 左上）は他の分割に比べて直線的で整った印象を受けます．これは黄金数の性質によるものです．実際，再帰的な分割で得られた正方形，長方形の辺の長さはすべて $1/\phi$ のべきであることが分かります（課題 2.9）．黄金数に関する様々な特徴については後の章でも扱います．

図 2.6：無理数による正方形の再帰的な分割（RecurDivSquare: thr = 40）

■ モンドリアン

　ここまで扱ってきた四角形の分割は，絵画に詳しい人ならピンと来るものがあるのではないでしょうか．そう，モンドリアンです．20世紀前半に活躍したオランダ人画家のピエト・モンドリアンは，絵画を線と四角形と色彩というミニマルな要素で構成した composition シリーズが有名です．モンドリアンはキュビズムの方向性を推進し，この表現に辿りつきました．モンドリアンの表現は，その抽象性ゆえに絵画以外の領域にも通じる普遍性を持っています．実際，モンドリアンの絵画はイヴ・サンローランやチャールズ・イームズを通して，ファッションや建築のデザインにも影響を与えました．さらに昨今のUIデザインに多く取り入れられているフラットデザインも，モンドリアンの影響を見て取れます．

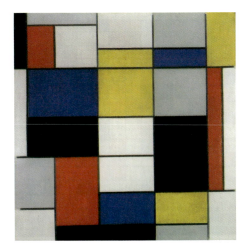

図 2.7：Piet Mondrian "Composition No.2" (1920)　　図 2.8：Piet Mondrian "Composition with Large Red Plane, Yellow, Black, Gray, and Blue" (1921)

　モンドリアン自身が数学的な理論を使って絵を描いていたかは定かではありませんが，モンドリアンの絵画と黄金分割の整然とした美しさには関係がありそうです[*3]．正方形の再帰的な黄金分割を使ってモンドリアン「もどき」の絵を作ってみましょう．

コード 2.2：モンドリアンもどきの生成　Mondrian

```
1  float ratio = (sqrt(5) + 1) / 2; //黄金数
2  float thr = 80; //分割する大きさに関するしきい値
3  float thr2 = 0.5; //確率を決定するしきい値
4  void setup(){
5    size(500, 500);
6    colorMode(HSB, 1);
7    colorRect(0, 0, width, width);
8    divSquare(0, 0, width);
9  }
```

　コード 2.2 では正方形の再帰的な分割（RecurDivSquare）の再帰処理と着彩に関する部分を改変し，黄金数を使って分割します．

[*3] ［L, p.274］によると，美術評論家のイヴ＝アラン・ボアはモンドリアンと黄金分割の関係を否定しています．

コード 2.3：確率的に色を決定し長方形を描く関数　　Mondrian

```
1   void colorRect(float xPos, float yPos, float wd, float ht){
2     color col;
3     float val = random(1);
4     if (val < 0.15){ //15% の確率
5       col = color(0, 1, 1); // 赤
6     }else if (val < 0.3){ //15% の確率
7       col = color(2.0 / 3, 1, 1); // 青
8     }else if (val < 0.45){ //15% の確率
9       col = color(1.0 / 6, 1, 1); // 黄
10    }else if (val < 0.5){ //5% の確率
11      col = color(0, 1, 0); // 黒
12    } else if (val < 0.7){ //20% の確率
13      col = color(0, 0, 0.9); // 灰
14    } else { //30% の確率
15      col = color(0, 0, 1); // 白
16    }
17    fill(col);
18    strokeWeight(5); // 長方形の枠線の太さ
19    rect(xPos, yPos, wd, ht);
20  }
```

　コード 2.3 では，まず色数を赤・青・黄・白・灰・黒の 6 色に制限し，これら 6 色が指定した確率で表れるようにしています．random(1) の値がどの範囲に入っているかを指定することで，それぞれの色が表れる確率を設定しています．

コード 2.4：正方形を分割する関数　　Mondrian

```
1   void divSquare(float xPos, float yPos, float wd){
2     ...
3     while (wd > thr){ // 正方形の幅がしきい値以上の場合に実行
4       ...
5       colorRect(xPos, yPos, wd * ratio, wd); // 長方形を描く
6       if (random(1) < thr2){ //thr2 の確率で再分割
7         divRect(xPos, yPos, ...);
8       }
9       ...
10    }
11  }
```

　またコード 2.4 では，2 つ目のしきい値 thr2 から再帰処理を行うかどうかの確率を決めます．この値が大きいほど，再帰処理が行われる確率が上がる，つまり分割は細かくなります．これによって分割で表れる四角形の大きさにばらつきを持たせることができます．

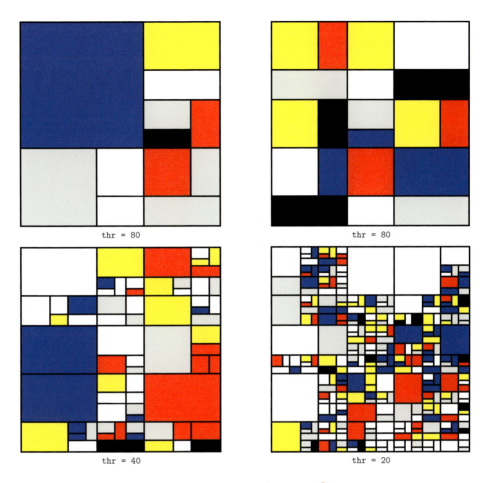

図 2.9：モンドリアンもどき（Mondrian 🖱）

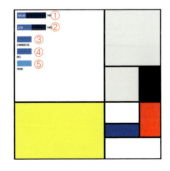

①しきい値(thr)を動かすスライダー
②しきい値(thr2)を動かすスライダー
③ランダムに色を変えるボタン
④画像保存するボタン
⑤モンドリアンモードへの切替スイッチ

図 2.10：再帰的な黄金分割の GUI プログラム（GoldDivGUI CPS）

2.3 無限級数

無理数の比率を持つ長方形の分割において，それぞれの正方形の大きさに注目してみましょう．

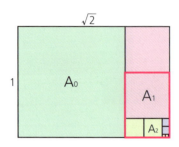

図2.11：縦横比 $1:\sqrt{2}$ の長方形の分割

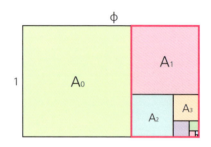

図2.12：黄金長方形の黄金分割

正方形の辺の長さは縮小していることが分かりますが，実はこれらは**同じ倍率で縮小しています**．いま分割で得られる各正方形を大きい方から順に $A_0, A_1, A_2, \cdots$ として，その辺の長さを $a_0, a_1, a_2, \cdots$ とおきます．この長方形の短辺を1，長辺を $\sqrt{2}$ とすると（図2.11），$a_0 = 1$，$a_1 = \sqrt{2} - 1$ であることが分かります．また図2.3の自己相似性より，$a_0 : a_1 = a_1 : a_2$ であることから，$a_2 = (\sqrt{2} - 1)^2$ となります．さらに自己相似性より

$$a_0 : a_1 = a_1 : a_2 = \cdots = a_{n-1} : a_n \tag{2.3}$$

が成り立つため，$a_n = (\sqrt{2} - 1)^n$ であることが分かります．この面積に注目してみると，それぞれの正方形の面積は次のように計算できます．

$$A_0 \text{ の面積} = 1 \times 1 = 1, \qquad A_1 \text{ の面積} = a_1 \times a_1 = (\sqrt{2} - 1)^2,$$
$$A_2 \text{ の面積} = a_2 \times a_2 = (\sqrt{2} - 1)^4, \quad A_n \text{ の面積} = a_n \times a_n = (\sqrt{2} - 1)^{2n}$$

長方形の中には A_0 が1個，$A_1, A_2, \cdots$ が各2個ずつあり，これらの和は長方形の面積 $1 \times \sqrt{2} = \sqrt{2}$ と等しくなることから，次の式が成り立ちます．

$$1 + 2(\sqrt{2} - 1)^2 + 2(\sqrt{2} - 1)^4 + 2(\sqrt{2} - 1)^6 + \cdots = \sqrt{2} \tag{2.4}$$

この左辺のような無限個の数の和を**無限級数**といいます．数がある数に限りなく近づくとき，その数に**収束する**といいます．無限級数が収束するとき，無限級数とその収束する数は等式で書き表します．実は循環連分数による正方形の分割は**無限級数の収束を可視化している**のです．

黄金長方形の黄金分割の場合は図2.12のように与えられます．この場合も，$\sqrt{2}$ と同様に各正方形を大きい方から順に $A_0, A_1, \cdots$ とすれば，自己相似性より比(2.3)が成り立ち，

辺の長さは $a_n = (\phi - 1)^n$ となります．よって図 2.12 から，その面積に注目すると次の無限級数を得ます．

$$1 + (\phi - 1)^2 + (\phi - 1)^4 + (\phi - 1)^6 + \cdots = \phi \tag{2.5}$$

課題 ∗ 2.8 縦 1 横 $\sqrt{3}$ の長方形の分割（図 2.4）に対し，各正方形の面積を求め，$\sqrt{3}$ を無限級数の形で表せ．

2.3.1 等比数列と無限級数

順序付けられた数の列を数列と呼び，その数列の隣り合う数の比率が定数であるようなものを**等比数列**と呼びます．実数 r, a を適当にとれば，次のような等比数列を作ることができます．

$$a, ar, ar^2, ar^3, \cdots$$

ここで a は**初項**，r は**公比**と呼ばれます．この数列の全ての和，すなわち無限級数 $a + ar + ar^2 + \cdots$ を考えてみましょう．等比数列から作られる無限級数は，**等比級数**と呼ばれています．この等比級数は常に何かの数に収束するとは限りません．例えば $a = r = 1$ ならば

$$1 + 1 + 1 + 1 + \cdots$$

となり，これはどんな数にも収まりません．また $a = r = -1$ ならば

$$-1 + 1 - 1 + 1 - \cdots$$

となり，0 と -1 を行ったり来たりしてどちらかに収まりません．

等比級数は $0 \leqq |r| < 1$ ならば収束することが知られています．このとき収束する値を c とすれば，

$$a + ar + ar^2 + \cdots = c$$

であり，この両辺に r をかけると

$$ar + ar^2 + \cdots = cr$$

が得られます．ゆえに 2 つの等式の差を取ると，

$$\begin{array}{r} a + ar + ar^2 + \cdots = c \\ - ar + ar^2 + \cdots = cr \\ \hline a = c(1 - r) \end{array}$$

が得られます．以上のことから，次が成り立ちます．

> **等比級数の収束**
>
> 初項 a 公比 r の等比級数は，$0 \leqq |r| < 1$ ならば $\frac{a}{1-r}$ に収束する．

　等式 (2.4), (2.5) が正しいことを，この式を使って示してみましょう．まず (2.5) の左辺は初項 1，公比 $(\phi-1)^2$ の等比級数であることから，この式を使えば

$$1 + (\phi-1)^2 + (\phi-1)^4 + (\phi-1)^6 + \cdots = \frac{1}{1-(\phi-1)^2} = \frac{1}{2\phi-\phi^2}$$

となります．また黄金数は式 (2.2) より $\phi^2 = \phi+1$，$\phi = 1 + \frac{1}{\phi}$ の関係式を満たすことから，

$$2\phi - \phi^2 = \phi - 1 = \frac{1}{\phi}$$

の関係式が成り立ち，等式 (2.5) が正しいことを確かめられます．また等式 (2.4) の左辺に 1 を足すと初項 2，公比 $(\sqrt{2}-1)^2$ の等比数列の和であることから，

$$2 + 2(\sqrt{2}-1)^2 + 2(\sqrt{2}-1)^4 + 2(\sqrt{2}-1)^6 + \cdots = \frac{2}{1-(\sqrt{2}-1)^2}$$
$$= \frac{1}{\sqrt{2}-1} = \sqrt{2}+1$$

であり，等式 (2.4) が正しいことが分かります．

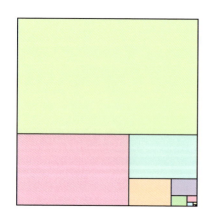

図 2.13：黄金長方形による正方形の黄金分割
　　　　（DivSquare: ratio = (1 + sqrt(5)) / 2）

■ **課題 2.9**　辺の長さ 1 の正方形を図 2.13 のように黄金長方形によって分割する．各長方形の辺の長さを求めよ．

註 6 [べき級数と解析関数] 等比級数 $1 + x + x^2 + \cdots$ は $-1 < x < 1$ ならば収束するため，$-1 < x < 1$ 上で定義された関数とみなすことができます．このような関数はべき級数と呼ばれます．さらにこの関数は $-1 < x < 1$ 上では

$$1 + x + x^2 + \cdots = \frac{1}{1-x}$$

という関数の等式が成り立ちます．ここでこの右辺の関数は $-1 < x < 1$ に限らず，$1 \neq x$ 上で定義されます．つまり，このべき級数は $\frac{1}{1-x}$ の $-1 < x < 1$ 上における姿だと理解することができます．このように，ある数の近くで関数をべき級数で表すことを，べき級数展開といいます．また $\frac{1}{1-x}$ は x が複素数（註 8 参照）の場合に対しても，複素数に値を持つ関数として定義することができ，$x = 1$ を除く複素平面上の各点でべき級数展開することができます．このような関数を解析関数と呼び，べき級数を定義域の広い解析関数に広げることを解析接続と呼びます．

べき級数には，数学の神秘が隠されています．例えば，次のべき級数を考えてみましょう．

$$\zeta(s) = 1 + \frac{1}{2^s} + \frac{1}{3^s} + \frac{1}{4^s} + \cdots$$

このべき級数は，実部が 1 より大きい複素数 s に対して収束することが知られており，またその値には $\zeta(2) = \pi^2/6$，$\zeta(4) = \pi^4/90$ といった不思議な数があらわれます．このべき級数，および解析接続した解析関数は，リーマンゼータ関数と呼ばれています．リーマンゼータ関数に関する，リーマン予想と呼ばれる有名な予想がありますが，これは現代数学の最難関問題のひとつであり，素数の分布とも関係しています．

註 7 [循環小数と無限級数] $1 \div 3$ を計算すると $0.3333\cdots$ と小数点以下 3 が無限に続きます．このように，小数点以下ある数のパターンが繰り返してあらわれるような数を循環小数といいます．簡単のため $0.3333\cdots = 0.\overline{3}$ と略記します．無限小数を使うと

$$1 = 3 \times \tfrac{1}{3} = 3 \times 0.\overline{3} = 0.\overline{9}$$

という一見不思議な等式が成り立ちますが，この等式は無限級数を使うと理解することができます．初項 0.9，公比 0.1 の等比数列

$$0.9, 0.09, 0.009, \cdots$$

を考えると，循環小数 $0.\overline{9}$ はこの等比級数であると考えることができます．ここで，この公比は 1 より小さいことから，等比級数は $0.9/(1 - 0.1) = 1$ に収束します．よって等式 $1 = 0.\overline{9}$ は等比級数の収束を意味するものだと理解できるのです．

第 3 章 フィボナッチ数列

　数列とは順序付けられた数の列のことです．数の列を 0 から順に番号付けし，$x_0, x_1, x_2, \cdots$ と書くことにします．このとき n 項目の数 x_n がそれよりも前の項の数によって決まるとき，x_n を定める関係式を**漸化式**といいます．初項 x_0 のように前の項が存在しないようなものについてはあらかじめ数を与えておくと（このような数を**初期値**と呼びます），漸化式から数列が生成されます．前章で扱った初項 a 公比 r の等比数列は初期値 $x_0 = a$ と漸化式 $x_n = rx_{n-1}$ によって決まる数列です．この章では循環連分数と漸化式の関係，およびフィボナッチ数列と黄金数の関係について学びます．

この章のキーポイント

- 漸化式から循環連分数を近似する数列を作ることができる
- フィボナッチ数列の隣り合う数の比は，黄金数を近似する
- フィボナッチ数列が作る長方形（フィボナッチ長方形）は黄金長方形を近似する
- フィボナッチ長方形から円弧を使って作るらせん（フィボナッチらせん）は，黄金らせん（次章参照）を近似する

この章で使うプログラム

- Convergent: 循環連分数の収束を可視化する
- Square 🖱 : 正方形の敷き詰めによってフィボナッチ長方形を作る
- SquareSpiral 🖱 : 回り込むように正方形を敷き詰めてフィボナッチ長方形を作る
- Rect: 🖱 フィボナッチ長方形の敷き詰めによって正方形を作る
- RecurDiv 🖱 : 正方形の再帰的なフィボナッチ分割
- RecurDivGUI `CPS` : RecurDiv の GUI プログラム
- Spiral 🖱 : フィボナッチらせんを描く

3.1 循環連分数と漸化式

次の初期値と漸化式によって与えられる数列を考えてみましょう.

$$\phi_0 = 1, \quad \phi_n = 1 + \frac{1}{\phi_{n-1}} \tag{3.1}$$

ここでこの数列を初項から順に計算すると

$$\phi_0 = 1, \quad \phi_1 = 1 + \frac{1}{1} = [1;1], \quad \phi_2 = 1 + \frac{1}{\phi_1} = 1 + \frac{1}{1+\frac{1}{1}} = [1;1,1]$$

$$\phi_3 = 1 + \frac{1}{\phi_2} = 1 + \frac{1}{1+\frac{1}{1+\frac{1}{1}}} = [1;1,1,1]$$

となります. よって一般に第 n 項は次のように書くことができます.

$$\phi_n = [1; \underbrace{1, \cdots, 1}_{n}]$$

これを数列の一般項と呼びます. 同様にして自然数 m に対し, $x_0 = m$, $x_n = m + \frac{1}{x_{n-1}}$ とすれば, 一般項は $x_n = [m; \underbrace{m, \cdots, m}_{n}]$ になります. これを数値計算するプログラムを作ってみましょう.

コード 3.1：漸化式による連分数の計算

```
1  int m = 1;
2  int num = 20; // 計算する項の数
3  float x = m; // 数列の初期値
4  for (int i = 0; i < num; i++){
5    println(i, ":", x);
6    x = m + 1.0 / x; // 漸化式
7  }
```

例えば, m に 1 を代入し計算結果を見ると, 数列の項数が増えるにつれ, $1.6180\cdots$ に近づくことが分かります. また m に 2 を代入すると $2.4142\cdots$ に, 3 を代入すると $3.3027\cdots$ に近づきます. この収束先が循環連分数です. これは一般に, 次が成り立ちます.

循環連分数と漸化式

初期値 $x_0 = m$, 漸化式 $x_n = m + \frac{1}{x_{n-1}}$ で決まる数列はある数に収束する. つまり, $[m; \underbrace{m, \cdots, m}_{n}]$ は n を大きくすると, ある数に限りなく近づく.

この数が循環連分数 $[m; \overline{m}]$ である.

循環連分数への収束を可視化して確かめてみましょう．

コード 3.2：循環連分数への収束　📁 Convergent

```
1   int m = 1;
2   int num = 10; // 数列の項数
3   float x = m;
4   float alpha = (m + sqrt(m * m + 4)) / 2; // 収束先の循環連分数
5   size(500, 200);
6   float limPos = map(alpha, m, m + 1, 0, height); // 収束先の位置
7   stroke(255, 0, 0); // 漸近線の色 ( 赤 )
8   line(0, limPos, width, limPos); // 漸近線
9   float step = (float) width / num; // 数列の項が増加するごとの x 位置の増分
10  stroke(0); // 数列のグラフの色 ( 黒 )
11  // 数列を順に計算し，線分でつなぐ
12  for(int i = 0; i < num; i++){
13    float nextX = m + 1.0 / x; // 漸化式
14    float pos = map(x, m, m + 1, 0, height); // i 項目の数の位置
15    float nextPos = map(nextX, m, m + 1, 0, height); // i+1 項目の数の位置
16    line(i * step, pos, (i + 1) * step, nextPos); // 線分の描画
17    x = nextX; // 次の項を計算するために数を更新
18  }
```

　コード 3.2 では数列の項数を横軸，その値を縦軸とするグラフを描画します．描画ウィンドウの上辺を m，下辺を $m+1$ として飛び飛びに数列の値を取り，それらをつなげてグラフを描きます（図 3.1）．ここで 6,14,15 行目の map 関数は数の区間を別の区間に移す関数です．ここでは m と $m+1$ の間にある数の位置を，描画ウィンドウの y 座標に移すために使っています．前章より $\alpha = [m; \overline{m}]$ は $\alpha^2 - m\alpha - 1 = 0$ を満たす正の実数であることから，2 次方程式の解の公式を使えば

$$\alpha = \frac{m - \sqrt{m^2 + 4}}{2}$$

であることが分かります．この値を取る直線を赤で描くと，数列のグラフは赤の線にどんどん近づくことが分かります．

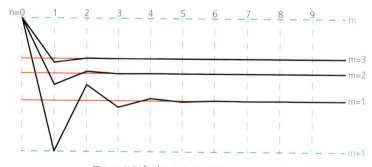

図 3.1：数列 $\{x_n\}$ の挙動と漸近線 (Convergent)

プログラミングの数値計算では許容誤差があるため，右に進むと赤の線に数列のグラフが重なってしまいますが，$x_n = [m; m, \cdots, m]$ が α と一致することはありません．なぜなら循環連分数 $\alpha = [m; \overline{m}]$ は，途中で止まることなく連分数が続いているからです．循環連分数を途中で止めた数 x_n は，n が大きくなるにつれて振動しながら α に限りなく近づくことから，α の第 n **近似分数**とも呼ばれます．この近似は次数 n が大きくなるにつれて近似の精度が上がり，また図 3.1 より，m が大きいほど振れ幅が小さいことが分かります．つまり x_n は α に収束し，m が大きいほど α に「はやく」近づくことが分かります．

■ **課題 3.1** 初期値 $x_0 = [a; b]$，漸化式 $x_n = a + \dfrac{1}{b + \frac{1}{x_{n-1}}}$ で与えられる数列のグラフを描くプログラムを作れ．

■ **課題 * 3.2** 課題 3.1 の数列はどのような数に収束するか？

■ **課題 * 3.3** 初期値 $x_0 = 1$，漸化式 $x_n = \sqrt{1 + \sqrt{x_{n-1}}}$ で与えられる数列のグラフを描くプログラムを作れ．またこの数列はどのような数に収束するだろうか？

3.2　フィボナッチ数列と黄金数

この章では，次の数列を考えます．

> **フィボナッチ数列**
>
> 初期値 $f_0 = 1$, $f_1 = 1$，漸化式 $f_n = f_{n-1} + f_{n-2}$ から決まる数列をフィボナッチ数列と呼ぶ．

まずフィボナッチ数列をプログラミングで数値計算してみましょう．

コード 3.3：フィボナッチ数列の計算

```
int num = 20;
int[] fibo = {0,1}; // フィボナッチ数列の初期値
for(int i = 1; i < num; i++){
  println(i - 1, ":", fibo[i]); // i 番目の要素を表示
  fibo = append(fibo, fibo[i-1] + fibo[i]); // 配列に要素を加える
}
```

コード 3.3 では数列の計算結果を**配列**に格納しています．配列とは数値を格納する「入れ物」のことであり，2 行目では 0 番目に 0，1 番目に 1 という int 値が入った配列を定義しています．配列は 0 番目から順に番号付けされており，i 番目に格納されているデータを i 番目の要素と呼び，配列名 [i] でその要素を取り出すことができます．5 行目の append 関数は配列に新たな要素を付け加える関数です．

■ 可視化

正方形を使ってフィボナッチ数列を可視化してみましょう．まずフィボナッチ数列 $f_0, f_1, f_2, \cdots$ に対し，辺の長さが $f_0 = 1$ の正方形を F_0，$f_1 = 1$ の正方形を F_1，$f_2 = 2$ の正方形を F_2，として順にフィボナッチ数列の辺の長さを持つ正方形を作ります．これを図 3.2 のように敷き詰めると，長方形ができることが分かります．これをコーディングしてみましょう．

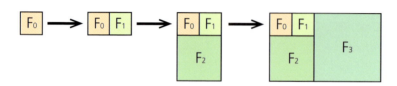

図 3.2：フィボナッチ数列の可視化手法

コード 3.4：フィボナッチ数列の可視化　　Square

```
1  int[] fibo = {0,1}; // フィボナッチ数列
2  void setup(){
3    size(500, 500);
4    colorMode(HSB, 1);
5    drawSquare();
6  }
```

コード 3.4 ではフィボナッチ数列の配列 fibo から，正方形を敷き詰める drawSquare 関数（コード 3.5）を使って描画します．

コード 3.5：正方形を敷き詰める関数　　Square

```
1  void drawSquare(){
2    float xPos = 0; // 正方形の x 位置
3    float yPos = 0; // 正方形の y 位置
4    float nextFibo = fibo[fibo.length-2] + fibo[fibo.length-1]; // 次のフィボナッチ数
5    float scalar = (float) width / nextFibo; // 長方形がウィンドウ幅に収まるように拡大
6    background(0, 0, 1); // 描画ごとに背景を白く塗りつぶし
7    for(int i = 1; i < fibo.length; i++){
8      fill((0.1 * i) % 1, 1, 1);
9      rect(scalar * xPos,
10        scalar * yPos,
```

```
11          scalar * fibo[i],
12          scalar * fibo[i]);
13      // 正方形の位置は順にフィボナッチ数を足す・引くことで移動させる
14      if (i % 2 == 1){ // 数列の順番に従って交互に符号を変える
15          xPos += fibo[i];
16          yPos -= fibo[i-1];
17      } else {
18          xPos -= fibo[i-1];
19          yPos += fibo[i];
20      }
21   }
22 }
```

コード 3.5 では各フィボナッチ数に対して，それを辺の長さとする正方形を描画します．図 3.2 の手順に沿って，正方形を順に敷き詰めて長方形を作り，それを描画ウィンドウのサイズに合うように拡大・縮小しています．正方形 $F_0, F_1, \cdots$ の位置をうまく取るために，このコードでは図 3.4 のようにフィボナッチ数の分だけ順に点を移動しています．また mouseClicked 関数（コード 3.6）を使い，クリックするごとにフィボナッチ数列の配列の要素を増やしています．

コード 3.6：マウスをクリックしたときの動作　　Square

```
1 void mouseClicked() {
2    int nextFibo = fibo[fibo.length-2] + fibo[fibo.length-1]; // 新しいフィボナッチ数を計算
3    fibo = append(fibo, nextFibo); // 新しいフィボナッチ数を配列に加える
4    drawSquare();
5    println(nextFibo);
6 }
7 void draw(){}
```

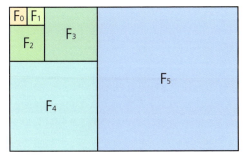

図 3.3：フィボナッチ数列の可視化 (Square 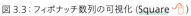)

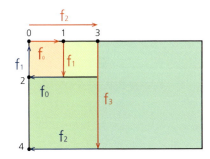

図 3.4：各正方形の出発点(正の方向/負の方向)

Square はクリックするたびに正方形が 1 つずつ増加し，縦長・横長の長方形が交互に表れることが分かります．フィボナッチ数列の漸化式より，n 番目までの正方形を敷き詰めると，それは短辺 f_n，長辺 f_{n+1} の長方形になることが分かります．クリックを繰り返して正方形を増やすと，この長方形は縦横の比が黄金数である黄金長方形に近づきます．実際，フィボナッ

チ数列の性質より

$$\frac{f_1}{f_0} = 1, \quad \frac{f_{n+1}}{f_n} = 1 + \frac{1}{\frac{f_n}{f_{n-1}}}$$

が成り立ち，数列 $\{f_{n+1}/f_n\}$ は黄金数の連分数近似の数列 $\{\phi_n\}$（式 (3.1)）と一致します．つまり次が言えます．

フィボナッチ数列と黄金数

フィボナッチ数列 $\{f_n\}$ の隣り合う数の比の数列 $\{f_{n+1}/f_n\}$ は，黄金数 $\phi = [1; \overline{1}]$ に収束する．

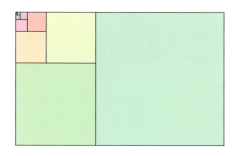 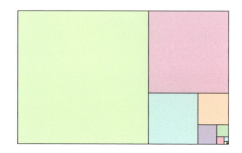

図 3.5：フィボナッチ数列の可視化（左）と黄金長方形の黄金分割（右）

課題 3.4 初期値 $p_0 = 1, p_1 = 2$，漸化式 $p_n = 2p_{n-1} + p_{n-2}$ で与えられる数列をペル数列と呼ぶ．$\{p_{n+1}/p_n\}$ はどのような数に収束するだろうか？

課題* 3.5 自然数 a, b に対し，初期値 $x_0 = 1, x_1 = ab$，漸化式 $x_n = abx_{n-1} + ax_{n-2}$ で与えられる数列を考える．$\{x_{n+1}/x_n\}$ はどのような数に収束するだろうか？

3.2.1 黄金長方形と黄金分割の近似

フィボナッチ数列 $\{f_n\}$ に対し，f_{n+1}/f_n は黄金数を近似する数であることから，長辺と短辺の比が $f_{n+1} : f_n$ であるような長方形は黄金長方形を近似します．このような長方形を**フィボナッチ長方形**と呼ぶことにしましょう．また $f_{n+1} : f_n$ は黄金比を近似していることより，この比率を使って得られる分割を**フィボナッチ分割**と呼ぶことにしましょう．黄金数は無理数なので正確に測ることは難しいですが，フィボナッチ数列を使えばそれを近似することができます．フィボナッチ長方形とフィボナッチ分割を使った様々な視覚表現をコーディングしてみましょう．

■ フィボナッチ長方形

Square では左上から右方向と下方向へ正方形を敷き詰めていくことで長方形を作りましたが，これを図 3.7 のように回り込むように敷き詰めても黄金長方形を近似することができます．

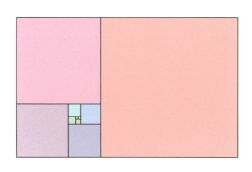

図 3.6：正方形の敷き詰めによるフィボナッチ長方形
(SquareSpiral)

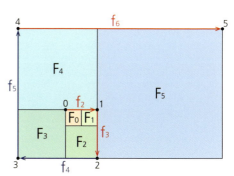

図 3.7：正方形の敷き詰めと各正方形の位置
（正の方向 / 負の方向）

これをコーディングするには，drawSpiral 関数（コード 3.7）を定義し，コード 3.4 の drawSquare 関数呼び出しを drawSpiral 関数呼び出しに書き換えます．

コード 3.7：正方形を回り込むように敷き詰める関数　　SquareSpiral

```
1  void drawSpiral(){
2    int[] SGN = {-1, 1, 1, -1}; // 敷き詰める方向を決める符号
3    float xPos = 0;
4    float yPos = 0;
5    float scalar = (float) width / (2 * fibo[fibo.length - 1]); // 拡大・縮小比率
6    background(0, 0, 1);
7    translate(width / 2 ,height / 2); // 描画ウィンドウ中央に移動
8    for(int i = 1; i < fibo.length - 1; i++){
9      fill((0.1 * i) % 1, 1, 1);
10     // 正方形を描く方向を符号の配列に従って変える
11     rect(scalar * xPos,
12       scalar * yPos,
13       scalar * SGN[(i+1) % 4] * fibo[i], // 符号が負の場合，逆方向に正方形を描画
14       scalar * SGN[i % 4] * fibo[i]);
15     // 正方形の位置を符号の配列に従って変える
16     if (i % 2 == 1){
17       xPos += SGN[i % 4] * (fibo[i] + fibo[i + 1]);
18     } else {
19       yPos += SGN[i % 4] * (fibo[i] + fibo[i + 1]);
20     }
21   }
22  }
```

コード 3.7 では敷き詰める方向を変えるための符号の配列 SGN を設定しています[*1]．この符

---

*1　変数の値を変えない場合，つまり定数の場合はコードの変数名を大文字で書きます．

号によって正方形を描画する位置を移動します．rect 関数で横幅，縦幅を指定するパラメータに負の値を入れると逆方向へ向けて四角形が描画されます．

■ フィボナッチ長方形の敷き詰め

コード 3.7 の rect 関数と xPos の更新に関するコードを書き換えて drawRect 関数（コード 3.8）を作り，コード 3.4 の drawSquare 関数呼び出しを drawRect 関数呼び出しに書き換えてみましょう．これを実行すると，図 3.8 のような長方形の敷き詰めが描画されます．

コード 3.8：フィボナッチ長方形を敷き詰める関数　　Rect

```
1  void drawRect(){
2    ...
3    rect(scalar * xPos,
4      scalar * yPos,
5      scalar * SGN[(i+1) % 4] * fibo[i-1], // 横が短辺
6      scalar * SGN[i % 4] * fibo[i]); // 縦が長辺（次の項のフィボナッチ数）
7    if (i % 2 == 1){
8      xPos += SGN[i % 4] * (fibo[i-1] + fibo[i]); //x 位置の取り方を変更
9    }
10    ...
11  }
```

ここで図 3.8 の各長方形はフィボナッチ長方形です．短辺と長辺の比が $f_{n-1} : f_n$ であるようなフィボナッチ長方形を F'_n とおくと，この描画は図 3.9 の手順で奇数個のフィボナッチ長方形を敷き詰めて正方形を作っています．

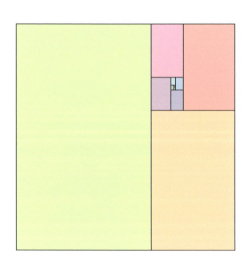

図 3.8：フィボナッチ長方形の敷き詰めによる正方形
（Rect）

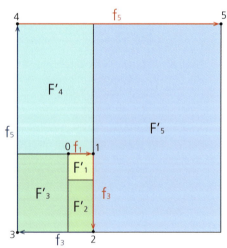

図 3.9：各長方形の位置（正の方向 / 負の方向）

■ フィボナッチ分割

　正方形の敷き詰めによるフィボナッチ長方形は「フィボナッチ長方形の正方形による分割」と見なすことができます．一方，フィボナッチ長方形の敷き詰めによる正方形も「正方形のフィボナッチ長方形による分割」と見なすことができます．これら2つのフィボナッチ分割を組み合わせると，再帰的なフィボナッチ分割が得られます．

コード 3.9：再帰的なフィボナッチ分割　　RecurDiv

```
1   int num = 10;
2   int thr = 1; // 関数の繰り返し回数に関するしきい値
3   int[] fibo;
4   int[] SGN = {1, 1, -1, -1};
5   void setup(){
6     size(500, 500);
7     colorMode(HSB, 1);
8     background(0, 0, 1);
9     generateFibo(num); //num項目までのフィボナッチ数列を生成
10    divSquare(0, 0, 0, 0, 1, 1);  // 正方形のフィボナッチ分割
11  }
```

　コード 3.9 では generateFibo 関数を呼び出してフィボナッチ数列を作り，そこから正方形の分割（divSquare 関数）と長方形の分割（divRect 関数）を交互に繰り返します．繰り返し回数がしきい値 thr に達したときに再帰処理を止めます．

コード 3.10：正方形をフィボナッチ分割する関数　　RecurDiv

```
1   // 正方形の位置 (xPos, yPos)，フィボナッチ数列の項数 ind,
2   // 関数の繰り返し回数 itr，正方形の描画に関する符号 (sgnX,sgnY) を引数とする分割
3   void divSquare(float xPos, float yPos, int ind, int itr, int sgnX, int sgnY){
4     //(num-ind) 項目のフィボナッチ数 (=fibo[ind]) を一辺とする正方形を順に分割
5     for(int i = 0; i < num - ind; i++){
6       // フィボナッチ数列の順序を逆にしているため，i が大きいほどフィボナッチ長方形は小さい
7       float lng0 = fibo[i + ind + 1]; // フィボナッチ長方形の横幅（短辺）
8       float lng1 = fibo[i + ind]; // フィボナッチ長方形の縦幅（長辺）
9       int newSgnX = sgnX * SGN[i % 4]; // 長方形を描画する方向
10      int newSgnY = sgnY * SGN[(i + 1) % 4];
11      colRect(xPos, yPos, // フィボナッチ長方形の位置
12        newSgnX * lng0, newSgnY * lng1, // フィボナッチ長方形の大きさ
13        ind + i + 1); // 項数に対応して長方形の色を決定
14      xPos += newSgnX * lng0;
15      yPos += newSgnY * lng1;
16      if (itr < thr){ // 関数の繰り返し回数がしきい値未満ならば長方形をフィボナッチ分割
17        divRect(xPos, yPos,
18          i + ind + 1, // フィボナッチ長方形の短辺の項数を渡す
19          itr + 1, // 繰り返し回数を1増やして渡す
20          -newSgnX, -newSgnY);  // 敷き詰めの回り込みの向きを逆にする
21      }
22    }
23  }
```

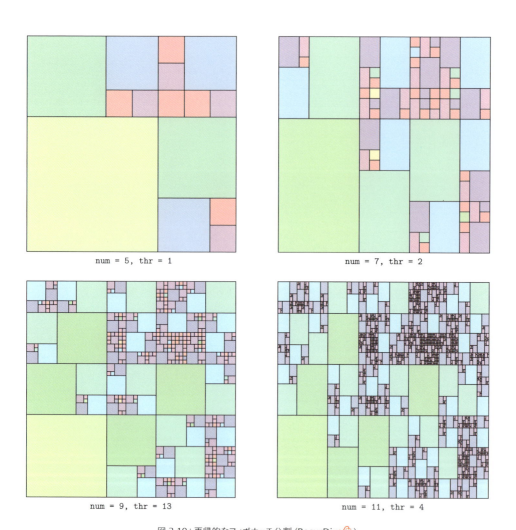

図 3.10：再帰的なフィボナッチ分割 (RecurDiv)

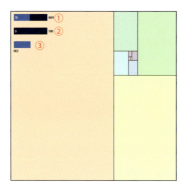

① フィボナッチ数列の個数(num)を動かすスライダー

② 繰り返し処理の回数(thr)を動かすスライダー

③ ランダムに色を変えるボタン

図 3.11：再帰的なフィボナッチ分割の GUI プログラム (RecurDivGUI)

3.2.2 フィボナッチらせん

　正方形の敷き詰めによるフィボナッチ長方形（図 3.6）に対し，正方形の辺を半径とする円弧を正方形内に描き，さらに正方形が増えるにしたがってその円弧がつながるようにしてみましょう．これを描画すると，らせんが表れることが分かります．このらせんを**フィボナッチらせん**と呼ぶことにしましょう．これはコード 3.7 に，円弧を描く次の命令を加えると作ることができます．次章ではフィボナッチらせんの正体について考えます．

コード 3.11：フィボナッチらせん　Spiral

```
1  void drawSpiral(){
2    ...
3    arc(scalar * (xPos + SGN[(i+1) % 4] * fibo[i]), // 円の中心の x 座標
4      scalar * (yPos + SGN[i % 4] * fibo[i]), // 円の中心の y 座標
5      scalar * 2 * fibo[i], // 楕円の縦の直径
6      scalar * 2 * fibo[i], // 楕円の横の直径 ( 正円のため縦と同じ )
7      (1 + i) * PI / 2, // 円弧の開始位置 ( ラジアン )
8      (2 + i) * PI / 2); // 円弧の終了位置
9    ...
10 }
```

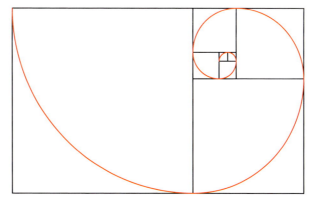

図 3.12：フィボナッチ分割とフィボナッチらせん（Spiral）

第4章 対数らせん

　前章で見たフィボナッチ分割では，正方形に円弧を描くとらせんが表れました．実はこのらせんは対数らせん，とくに黄金らせんと呼ばれるものと関係があります．この章では対数らせんとそのかたちについて学びます．

この章のキーポイント
- らせんは動径と偏角（極座標）を使って表すことができる
- 正多角形に内接する正多角形を再帰的に描画すると，頂点の軌跡は対数らせんを近似する
- フィボナッチらせんは黄金らせんを近似する

この章で使うプログラム
- Spiral: らせんを描く
- LogSpiralZoom 🖱: 対数らせんの拡大
- RecurSquare 🖱: 再帰的に正方形を描く
- RecurSquareSpiral 🖱: 再帰的な正方形と軌跡として現れる対数らせんを描く
- RecurPolygon 🖱: 再帰的な正多角形を描く
- GoldFiboSpiral 🖱: フィボナッチらせんと黄金らせんを描く

4.1　らせん

紙にペンで円を描け，と言われたらどのように描くでしょうか？絵の上手下手はあるにせよ，描きはじめの点から出発し，ぐるっと回ってまた描きはじめの点に戻ってくる，ということは共通していることでしょう．描きはじめと描き終わりの点が一致している，というのが円の特徴ですが，これが一致せず，1 周するとずれた位置に戻ってくるのがらせんです．

4.1.1　極座標表示

まず三角関数について復習しておきましょう．sin，cos が何だったか忘れた人は図 4.1 を見てください．このような鋭角 θ を持つ斜辺 1 の直角三角形を考えたとき，$\cos\theta$ と $\sin\theta$ は底辺と高さに当たります．

直角三角形の場合，角 θ は $0° < \theta < 90°$ の範囲しか動けませんが，xy 座標を使うことで sin，cos は一般の角 θ へ拡張されます．xy 座標の原点を中心に半径 1 の円（単位円と呼びます）を描いてみましょう（図 4.2）．通常，y 軸は上に向かって伸びていますが，Processing の座標では逆方向になっているため，この本でもそれに従うものとします．x 軸から時計回りに進んだ角を θ としたとき，角 θ の単位円周上にある点の x 座標を $\cos\theta$，y 座標を $\sin\theta$ とします．角を表す方法として，日常では $0° \sim 360°$ の度数を使うことが普通ですが，高校以上の数学やプログラミングではラジアンを使います．ラジアンとは単位円の円弧の長さによって角の大きさを表すもので，1 周 $360°$ を 2π で表す記法です．Processing の標準設定ではラジアンによって角の大きさを入力します．ここで角の大きさが負の場合は逆回りに進むとすれば，sin, cos はすべての実数 θ に対して定義されます．

正の実数 r によって単位円の半径を r 倍すれば，その円周上の点の x 座標，y 座標の値も r 倍されます．よって原点からの距離（**動径**（radius）と呼びます）と x 軸からの角（**偏角**（argument）と呼びます）によって位置を定めることができます．例えば，ある点の動径が r，偏角が θ ならば，その点の xy 座標は r, θ を使って次のように表すことができます．

$$(x, y) = (r\cos\theta, r\sin\theta)$$

このように平面上の点を動径と偏角を使って表すことを**極座標表示**と呼びます．

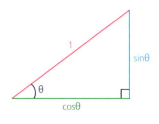

図 4.1：三角関数

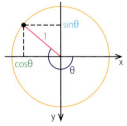

図 4.2：単位円と三角関数

> **註8［複素平面と極座標表示］** 2乗すると -1 になるような数はどんな数でしょうか？普通に考えると $+$ を2回かけると $+$，$-$ を2回かけても $+$ になるので，そんな数は存在しません．では仮想の上で $i = \sqrt{-1}$ という数を作ってみましょう．このような数を虚数といいます．i を使えば，実数 x, y に対し，$x + iy$ という数を作ることができます．このような数を複素数といいます．複素数は x と y によって決まるので，xy 座標平面上の点と見なすことができます．このように x 軸を実数の軸，y 軸を虚数の軸とした xy 平面を複素平面といいます．
>
> 複素平面上で動径 r，偏角 θ であるような複素数 z は，$z = r(\cos\theta + i\sin\theta)$ と表すことができます．複素数のかけ算は，この極座標を使えば幾何学的に考えることができます．例えば複素数 z' が，その動径 r' と偏角 θ' を使って $z' = r'(\cos\theta' + i\sin\theta')$ と表されているとします．このとき
>
> $$\begin{aligned} zz' &= rr'(\cos\theta + i\sin\theta)(\cos\theta' + i\sin\theta') \\ &= rr'(\cos\theta\cos\theta' - \sin\theta\sin\theta' + i(\sin\theta\cos\theta' + \cos\theta\sin\theta')) \end{aligned}$$
>
> より $\sin, \cos$ の加法定理を使えば $zz' = rr'(\cos(\theta + \theta') + i\sin(\theta + \theta'))$ となります．つまり2つの複素数の積は動径をかけて，偏角を足すことによって得られるのです．

4.1.2 らせんの描画

半径 r の円は，極座標を使えば動径が r，偏角が $0 \leqq \theta < 2\pi$ であるようなすべての点の集まりと見なすことができます．ここで動径 r を固定して偏角 θ を 0 から 2π に動かすことは，円周を1周して元の点に戻ってくることを意味します．動径も偏角にしたがって動かすとき，らせんが描かれます．

コード 4.1：らせんの描画　　Spiral

```
1   float theta = 0;
2   float STEP = 2 * PI * 0.01; // 曲線の精度
3   void setup(){
4     size(500, 500);
5   }
6   void draw(){
7     translate(width / 2, height / 2); // 描画ウィンドウの中心に移動
8     line(rad(theta) * cos(theta),
9       rad(theta) * sin(theta),
10      rad(theta + STEP) * cos(theta + STEP),
11      rad(theta + STEP) * sin(theta + STEP));
12    theta += STEP;
13  }
14  float rad(float t){ // 動径を定める関数
15    float r = 5 * t; // アルキメデスらせん
16    // float r = 20 * sqrt(t); // フェルマーらせん
```

```
17      // float r = pow(1.1, t); // 対数らせん
18      return(r);
19  }
```

　曲線は「無限」個の点の集合ですが，コンピュータで曲線を描く場合は無限個の点を描くことはできないため，曲線上の有限個の点を直線でつないで曲線を近似します．コード 4.1 では偏角 theta に対して，theta の関数 rad を用意し，この戻り値を動径とする点をつないでいます．2 行目の STEP は点のとる角の開きを指定する定数です．STEP の値が小さいほど点の数が増え，曲線の近似の精度は良くなりますが，データ量は増大します．14 ～ 19 行目の rad 関数内の r の定義式を変えると，描画されるかたちが変わります．ここでは代表的な 3 つのらせんを観察してみましょう．

---

3 種類のらせん

偏角 θ に対し，動径 r を θ の関数とする．

- $r = a\theta + b$（a, b は正の定数）からなるらせんを**アルキメデスらせん**と呼ぶ．
- $r = a\sqrt{\theta}$（a は正の定数）からなるらせんを**フェルマーらせん**と呼ぶ．
- $r = a^{\theta}$（$a \neq 1$ は正の定数）からなるらせんを**対数らせん**と呼ぶ．

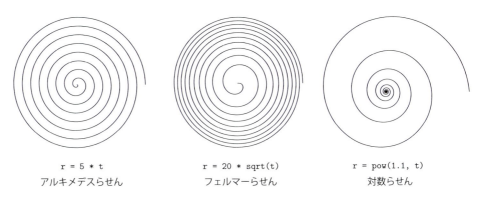

r = 5 * t　　　　　　　　r = 20 * sqrt(t)　　　　　　r = pow(1.1, t)
アルキメデスらせん　　　　フェルマーらせん　　　　　　対数らせん

図 4.3：3 種類のらせん（Spiral）

4.2　自己相似性

この章では対数らせんについて学びます．まず対数らせんの名の由来である対数について復習しましょう．

4.2.1　指数・対数

実数 a に対して，a のべきは $a^2 = a \times a$ や $a^3 = a \times a \times a$ のように a を何乗かした数のことでした．この 2 や 3 のように肩に乗っている数を**指数**と呼びます．x が自然数の場合は a^x は a を x 回かけたものですが，x を拡張した場合，べきはどのようになるでしょうか？

まず指数の性質について考えてみましょう．自然数 n, m に対し，

$$a^{n+m} = \underbrace{a \times \cdots \times a}_{n} \times \underbrace{a \times \cdots \times a}_{m} = a^n a^m$$

が成り立ちます．よってこの性質を満たすように a のべきを考えるならば，$a^n a^0 = a^{n+0} = a^n$ であるため，$a^0 = 1$ と考えるのが自然です．さらに $a^{-n} a^n = a^0 = 1$ であることから，$a^{-n} = 1/a^n$ であることが分かります．

さらに指数は

$$a^{nm} = \underbrace{a \times \cdots \times a}_{n \times m} = \underbrace{a^n \times \cdots \times a^n}_{m} = (a^n)^m$$

が成り立ちます．同様にこの性質を満たすように a のべきを考えると，0 でない整数 n に対して $(a^{1/n})^n = a^{(1/n) \times n} = a^1 = a$ より，$a^{1/n}$ は n 乗すると a になる数でなければなりません．つまりここで $a^{1/n}$ は方程式 $x^n - a = 0$ の解ですが，ここで注意が必要なのは，この方程式の解は複数あるかもしれないし，実数の範囲では存在しないかもしれないことです．ここで a が正の実数であることを仮定すれば，$x^n = a$ を満たす正の実数はただ一つに決まります[*1]．これを $a^{1/n}$ とし，a の n 乗根と呼びます．

よって正の実数 a に対して，a の有理数乗が定義できました．したがって x の関数 a^x は有理数上の関数として定義できます．ここでうまく有理数と有理数の「隙間」を埋めれば，実数上の関数としてつながっているように a^x を定義することができます．このような関数を**指数関数**と呼びます．

一方，正の実数 a が 1 でなければ，実数 x に対して正の実数 a^x に対応させる対応づけは 1 対 1 です．つまり正の実数 y が与えられれば，$a^x = y$ となる x がただ一つ存在します．このとき，この x を a を底とする y の**対数**と呼び，$x = \log_a y$ と書きます．また $\log_a$ を**対数関数**と呼びます．

---

*1　複素数の範囲で考えれば $x^n - a = 0$ の解は n 個存在し，その解は複素平面の円周上に並びます．

註9[ネイピア数] 指数関数は最初の増大は穏やかで，その後急激な勢いで増大する関数です．指数関数の増え具合は，対数を使えばよく理解できます．例えば整数 n を使って $n \leqq \log_{10}(N) < n+1$ ならば，$10^n \leqq N < 10^{n+1}$ であることが分かり，N は10進法で $n+1$ 桁だということが分かります．$\log_{10}(2) \fallingdotseq 0.3010$ であることが知られていますが，これを使えば2のべきがどれくらいの大きさの数なのかが分かります．対数法則より $\log_{10}(2^n) = n\log_{10}(2) \fallingdotseq n \times 0.301$ なので，2^{10} は4桁，2^{100} は31桁，2^{1000} は302桁の数です．100億 $= 10^{10}$ が11桁の数なので，

$$2^{100} \fallingdotseq 100\text{億} \times 100\text{億} \times 100\text{億}, \quad 2^{1000} \fallingdotseq 10 \times \underbrace{100\text{億} \times \cdots \times 100\text{億}}_{30}$$

という途方もない数になることが分かります．

一方 $1^{100} = 1^{1000} = 1$ であり，1を何乗しても1のままです．$1 + 1/n$ は n が大きくなるにつれて1に限りなく近づきますが，このべき $(1+1/n)^n$ はどんな数になるでしょうか？ 数値計算すると，次のようになります．

$$1.1^{10} = 2.5937\cdots, \quad 1.01^{100} = 2.7048\cdots, \quad 1.001^{1000} = 2.7169\cdots$$

このように n を大きくすると2.7ぐらいの値にどんどん近づいていることが分かります．実は $(1+1/n)^n$ は，n を大きくするとある数に収束します．この数を e と書き，ネイピア数と呼びます．e を底とする指数関数 e^x は微分しても e^x である性質を持っており，数学ではネイピア数を底とした対数（自然対数）を主に使います．

註10[複素指数関数] ネイピア数 e を底とする指数関数 e^x は，次のようなべき級数（註6）で表すことができます．

$$e^x = 1 + x + \frac{x^2}{2} + \frac{x^3}{3!} + \frac{x^4}{4!} + \cdots$$

ここで $n!$ は n の階乗 $= n \times (n-1) \times \cdots \times 1$ です．x を複素数に拡張すれば，e^x は複素数上の関数（複素関数）として定義することができます．これを複素指数関数と呼びます．実は複素指数関数は $e^{i\theta} = \cos\theta + i\sin\theta$ という等式が成り立ち（オイラーの公式），これを使うと複素平面上（註8）で偏角 θ，動径 r の複素数は $re^{i\theta}$ と表すことができます．ここで $r=1, \theta=\pi$ とすれば，$e^{i\pi} = -1$ という不思議な等式が成り立ちます．

4.2.2　自己相似性

偏角 θ，動径 a^θ の対数らせんを考えてみましょう．偏角が b 増えると，指数の性質より動径は $a^{b+\theta} = a^b a^\theta$ であるので，動径は a^b 倍されます．つまり対数らせんは，偏角が増えるたびに動径が a のべきだけ倍増するらせんです．この性質により，対数らせんは部分が全体と相似である自己相似性を持っています．対数らせんを拡大するプログラムを作って，これを確かめてみましょう．

コード 4.2：対数らせんの拡大　　LogSpiralZoom

```
1   float STEP = 2 * PI * 0.01; //曲線の精度
2   void setup(){
3     size(500, 500);
4     colorMode(HSB, 1);
5   }
6   void draw(){
7     background(1,0,1);
8     drawLogSpiral(); //対数らせんを描画
9   }
```

コード 4.3：対数らせんを描く関数　　LogSpiralZoom

```
1   void drawLogSpiral(){
2     float theta = 0;
3     float scalar = pow(10, (float) mouseX / width) * height / 2;
4     //マウスの x 座標によって 1～10 倍に拡大する
5     translate(width / 2, height / 2); //描画ウィンドウの中心に移動
6     for(int i = 0; i < 2000; i++){
7       line(scalar * rad(theta) * cos(theta),
8         scalar * rad(theta) * sin(theta),
9         scalar * rad(theta + STEP) * cos(theta + STEP),
10        scalar * rad(theta + STEP) * sin(theta + STEP));
11      theta -= STEP; //反時計回りに進むほど動径は減少する
12    }
13  }
14  float rad(float t){ //動径を定める関数
15    float r = pow(1.1, t);
16    return(r);
17  }
```

コード 4.3 の 3，15 行目 pow 関数はべきを計算する関数であり，pow(1.1, x) は 1.1 の x 乗の float 値を返します．このプログラムではマウスの x 座標の位置によって動径を拡大します．マウスを右から左に動かせば，このらせんが図 4.4 の自己相似性を持つことが分かります．

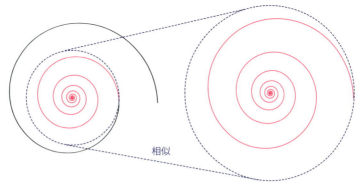

図 4.4：対数らせんの自己相似性（LogSpiralZoom）

4.3 　対数らせんと再帰性

再帰的なかたちには，対数らせんがしばしば表れます．その例をいくつか見てみましょう．

4.3.1 　正方形の再帰的な描画

　正方形の再帰的な描画として，次のようなものを考えてみましょう．まず正方形を描き，その 4 つの頂点を時計回りに A, B, C, D とします．さらにこの正方形 ABCD の辺を 1 : 9 に分割するように点 E, F, G, H を取り，正方形 ABCD に内接する正方形 EFGH を描きます（図 4.5）．正方形 EFGH に対しても同様に内接する正方形を描き，この操作を新たに得られた正方形に対して繰り返します．この描画をコーディングしてみましょう．

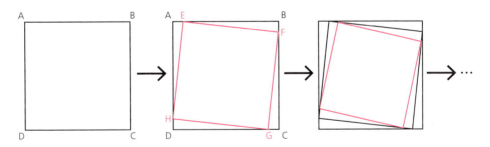

図 4.5：正方形の再帰的な描画

■ ベクトル

コーディングの前にベクトル（vector）*2 について簡単に復習します．xy 座標平面上の点 A に対し，原点から A への矢を A の**位置ベクトル**と呼び $\vec{A}$ と書きます．ベクトルとはこういった方向と長さを持つもののことで，ベクトルどうしの足し算・引き算，および数をかけることができます．数をかけることは拡大縮小することと同じで，それは**スカラー**（scalar）とも呼ばれます．例えば，$\vec{A}$ を 2 倍すると矢が同じ方向へ 2 倍伸び，2 つのベクトル $\vec{A}, \vec{B}$ を足すことは，矢の方向と長さを保ったまま 2 つをくっつけることになります（図 4.6）．また $\vec{A}$ を -1 倍すると逆方向の矢となり，$\vec{B}$ に $-\vec{A}$ を足すと，$\vec{B}$ から $\vec{A}$ を引いた $\vec{B} - \vec{A}$ が得られます．$\vec{B} - \vec{A}$ を点 A を始点とするように平行移動すると，$\vec{B} - \vec{A}$ は A から B への矢となることから，これを $\overrightarrow{AB}$ と書きます．

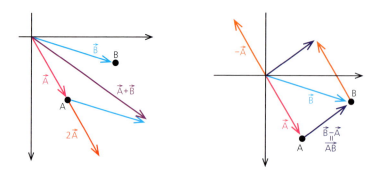

図 4.6：ベクトルの足し算・引き算・スカラー倍

図 4.5 の頂点をベクトルを使って表してみましょう．点 E, F, G, H は点 A, B, C, D から少しだけずれた位置にあり，それをベクトルを使って表すと次のようになります（図 4.7）．

$$\vec{E} = \vec{A} + 0.1\overrightarrow{AB} \qquad \vec{F} = \vec{B} + 0.1\overrightarrow{BC}$$
$$\vec{G} = \vec{C} + 0.1\overrightarrow{CD} \qquad \vec{H} = \vec{D} + 0.1\overrightarrow{DA}$$

点 E, F, G, H に対しても同様にすれば，内接する四角形の頂点が得られます．

---

*2　vector は英語発音でベクターと呼ぶこともありますが，日本の数学ではベクトルというドイツ語発音が定着しているので，数学で扱う vector はこの本ではベクトルと呼ぶことにします．

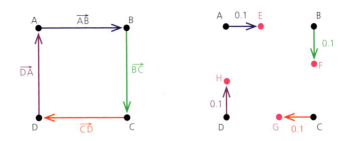

図 4.7: 図 4.5 のベクトルを使った表示

註 11［ベクトル空間と線形代数］平面上のすべてのベクトルの集合を（2 次元）ベクトル空間と呼びます．2D コンピュータグラフィックスでは，これはグラフィックを描くためのキャンバスとなる平面のことです．Processing では scale や rotate などの関数を使えば，平面全体を拡大させたり回転させることができますが，こういった変換はベクトル空間上の線形変換と呼ばれています．ベクトル空間上の線形変換に関する理論は線形代数学と呼ばれ，多くの大学理工系学部では初年度に必修で学び，また経済学などの社会科学系学部でも必要性が増してきています．

　線形代数の重要性はその汎用性の高さにあります．ベクトルは矢という幾何学的な意味を持つ一方，平面に座標軸を与え，その座標の値をとれば，数の組と見ることができます．このように数の組として表されたベクトルは数ベクトルと呼ばれ，数ベクトルの線形変換は行列によって表すことができます．実は Processing の様々な図形変換も行列の計算によって行われているのです．さらに線形変換は図形的な意味を持つ一方，数値データの諸々の処理にも適応することが可能です．データサイエンスや機械学習といった巨大な数値データを扱う分野でも，線形代数は欠かせないものとなっています．

■ Processing によるベクトルの操作

Processing では PVector クラスを使うことでベクトルの操作が可能です．float や int では + - * などの演算子を使って計算しますが，PVector ではメソッドを使ってベクトルの計算をします．具体的には，まずベクトルを生成し[*3]，足し算なら add，引き算なら sub，スカラー倍なら mult といったメソッドを使ってベクトルを操作します．PVector クラスの操作は，慣れないうちは難しい気がするかもしれませんが，慣れると複数の数を一度に扱うことができ，コードも簡明になってとても便利です．これを使って図 4.5 を描画するプログラムを書いてみましょう．

＊3　正しくは「PVector クラスのインスタンスを生成する」と言うべきですが，本書ではオブジェクト指向プログラミングには深入りしないため，その用語を避けた記述にしています．

コード 4.4：正方形の再帰的な描画　📁 RecurSquare

```
1   PVector[] vec; //PVector 型の配列を宣言
2   float gap = 0.01; // 内接する正方形のずれ
3   void setup(){
4     size(500, 500);
5     vec = new PVector[4]; //4 つのベクトルを生成
6     vec[0] = new PVector(0, 0); // ウィンドウ左上の角
7     vec[1] = new PVector(width, 0); // ウィンドウ右上の角
8     vec[2] = new PVector(width, height); // ウィンドウ右下の角
9     vec[3] = new PVector(0, height); // ウィンドウ左下の角
10  }
11  void draw(){
12    drawSquare(vec); //4 つのベクトルを頂点とする四角形を描画
13    vec = getVector(vec); // ベクトルを gap の分だけずらす
14  }
```

　コード 4.4 ではベクトル vec[0]，vec[1]，vec[2]，vec[3] に対し，それぞれに各点 A, B, C, D の位置ベクトルを対応させています．まず setup 関数内で各点の xy 座標を使って 4 つのベクトルを生成します．draw 関数内で drawSquare 関数（コード 4.5）を呼び出して正方形を描きます．

コード 4.5：ベクトルから正方形を描く関数　📁 RecurSquare

```
1   void drawSquare(PVector[] v){
2     for(int i = 0; i < 4; i++){
3       line(v[i].x, v[i].y, v[(i + 1) % 4].x, v[(i + 1) % 4].y);
4       // ベクトルの xy 座標の値を取りだし，線分を描く
5     }
6   }
```

　さらに getVector 関数（コード 4.6）を呼び出して新たな点 E, F, G, H の位置ベクトルを生成し，それによってベクトルを更新します．

コード 4.6：新しいベクトルを取得する関数　📁 RecurSquare

```
1   PVector[] getVector(PVector[] vec){
2     PVector[] nextVec = new PVector[4];
3     for(int i = 0; i < 4; i++){
4       PVector dir = PVector.sub(vec[(i + 1) % 4], vec[i]); //2 頂点間の方向ベクトル
5       dir.mult(gap);    // ずれの分を方向ベクトルにかける
6       nextVec[i] = PVector.add(vec[i], dir); // 元の頂点の位置ベクトルをずらして新たなベクトルを作る
7     }
8     return(nextVec);
9   }
```

　コード 4.4 の 2 行目の gap 変数は新たな点を生成するときのずれの大きさです．gap の値を変えると，図 4.8 のように様々なバリエーションが得られます．

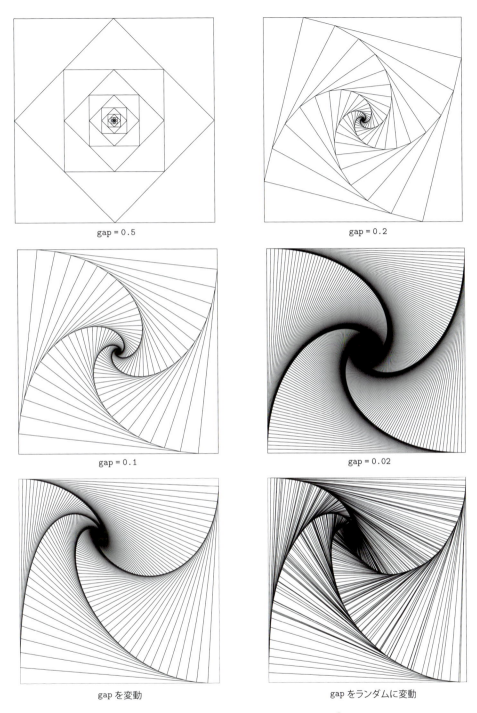

図 4.8：正方形の再帰的な描画（RecurSquare）

4.3.2 対数らせんとの関係

図 4.8 を見ると，正方形の頂点の軌跡が曲線を描いていることが分かります．実はこれが対数らせんの近似になっています．とくに内接する正方形とのずれの値 a（コード 4.4 の gap）が固定されている場合，

$$b = \sqrt{2a^2 - 2a + 1}, \quad c = \arctan \frac{a}{1-a} \tag{4.1}$$

とすると，この対数らせんは偏角 θ，動径が $b^{\theta/c}$ となります．なぜこうなるかは後回しにするとし，まずこれが正しいことをプログラムを動かして観察してみましょう．コード 4.4 の setup 関数内で，対数らせんを描く drawLogSpiral 関数（コード 4.7）を呼び出します．

コード 4.7：対数らせんを描画する関数　　RecurSquareSpiral

```
1  void drawLogSpiral(){
2    float STEP = 2 * PI * 0.001;
3    float b = sqrt(2 * gap * gap - 2 * gap + 1);
4    float c = atan(gap / (1 - gap));
5    PVector O = new PVector(width / 2, height / 2); // ウィンドウの中心
6    PVector v = new PVector(0, 0); // ウィンドウの左上の角
7    v.sub(O);
8    translate(O.x, O.y);
9    stroke(color(255, 0, 0));
10   strokeWeight(3);
11   while(v.mag() > 1){ // ベクトルの長さが 1 以下になれば停止
12     PVector nextV = v.copy(); // ベクトルをコピーして新たなベクトルを生成
13     nextV.rotate(STEP);    // ベクトルの回転
14     nextV.mult(pow(b, STEP / c)); // ベクトルのスカラー倍
15     line(v.x, v.y, nextV.x, nextV.y);
16     v = nextV;
17   }
18 }
```

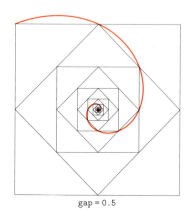
gap = 0.5

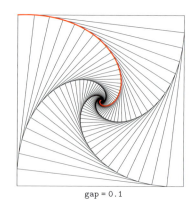
gap = 0.1

図 4.9：正方形の再帰的な描画と対数らせん（RecurSquareSpiral）

コード 4.7 ではベクトルを使って対数らせんを描いています．この対数らせんは b，c を式 (4.1) のように取り，STEP の回転に対し，ベクトルを pow(b ,STEP / c) だけスカラー倍します．これを描画すると，正方形の頂点の軌跡が対数らせんを描いていることが分かります（図 4.9）．

■ **かたちの理由**

　まず tan 関数の復習をしておきましょう．tan は図 4.10 のように，$0 < \theta < \pi/2$ の場合，は底辺が 1 で角 θ を持つ直角三角形の高さに対応しています．これは図 4.1 の直角三角形と相似であることから，

$$\cos\theta : \sin\theta = 1 : \tan\theta, \quad \tan\theta = \frac{\sin\theta}{\cos\theta}$$

が成り立ちます．よって tan も θ が実数の場合へ拡張されます．ただし θ が $\pi/2$ の整数倍の場合は $\cos\theta = 0$ であることから，tan は定義されません．また arctan は tan の**逆関数**と呼ばれる関数で，$\tan\theta = x$ ならば，$\arctan x = \theta$ となる関数です（図4.10）．ただし arctan の値は $-\pi/2 < \theta < \pi/2$ となるものとします．

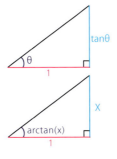

図 4.10：tan と arctan

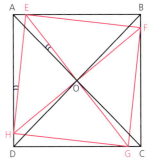

図 4.11：正方形に内接する正方形

　正方形 ABCD の辺の長さを 1 とします．このとき正方形 ABCD の中心と正方形 EFGH の中心は一致しますが，この点を O とします（図 4.11）．ここで $\angle$AHE $= c$ とすると，AE $= a$，AH $= 1 - a$ より tan の定義から $\tan c = \frac{a}{1-a}$ が成り立ちます．よって

$$\arctan \tfrac{a}{1-a} = c$$

が得られます．また EH $= b$ とすると，三平方の定理より

$$b = \sqrt{(1-a)^2 + a^2} = \sqrt{2a^2 - 2a + 1}$$

が得られます．$\angle$AHE $= \angle$AOE であることから（課題 4.1），O を中心として A から時計回りに c 進んだ E は，O からの距離が b 倍されています．このことから，この頂点の軌跡は偏角 θ，動径 $b^{\theta/c}$ の対数らせんと重なっていることが分かります．

課題 4.1　図 4.11 において $\angle$AHE $= \angle$AOE であることを示せ．

4.3.3 正多角形の再帰的な描画

正方形の再帰的な描画方法は,正方形に限らず多角形にも応用できます.正多角形に対して,内接する正多角形を再帰的に描いてみましょう.

■ 正多角形の描画

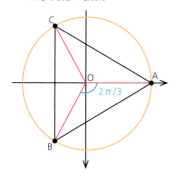

図 4.12：正三角形の頂点の座標

正多角形を描画するには，各頂点の座標を指定する必要があります．正多角形の頂点はどのように選べばよいのでしょうか？これは中心から各頂点への距離が同じである，という正多角形の性質を使います．例えば正三角形の頂点を A, B, C とし，中心を O とすると，3 つの三角形 △AOB, △BOC, △COA はすべて合同であることから，

$$\angle \text{AOB} = \angle \text{BOC} = \angle \text{COA} = \frac{2\pi}{3}$$

であることが分かります（図 4.12）．AO の長さを 1 とすると，各頂点の xy 座標は

$$\text{A} = (\cos 0, \sin 0), \quad \text{B} = \left(\cos \frac{2\pi}{3}, \sin \frac{2\pi}{3}\right), \quad \text{C} = \left(\cos \frac{4\pi}{3}, \sin \frac{4\pi}{3}\right)$$

によって得られます．これを一般化すれば，3 以上の整数 n に対して正 n 角形の頂点は，$\left(\cos \frac{2m\pi}{n}, \sin \frac{2m\pi}{n}\right)$ と書けます．ここで m は $0 \leqq m < n$ となる整数です．

■ プログラミング

正多角形を再帰的に描画するには，各頂点の位置ベクトルを作り，それを少しずつずらしながら内接する正多角形の頂点を取ります．

コード 4.8：多角形の再帰的な描画　　RecurPolygon

```
1  PVector[] vec; //PVector 型の配列を宣言
2  float gap = 0.1; // 内接する正多角形のずれ
3  int gon = 8; // 正多角形の頂点の数
4  void setup(){
5    size(500, 500);
6    vec = new PVector[gon];
7    for(int i = 0; i < gon; i++){ // 正多角形の頂点の位置ベクトル
8      vec[i] = PVector.fromAngle(2 * i * PI / gon);
9      vec[i].mult(width / 2);
10   }
11 }
12 void draw(){
13   translate(width / 2, height / 2); // 描画ウィンドウの中心に移動
14   drawPolygon(vec);
15   vec = getVector(vec);
16 }
```

コード 4.8 はコード 4.4 の正方形の頂点の位置ベクトルを正 n 角形に変え，4 つのベクトルに行っていた操作を n 個のベクトルに書き換えています．正多角形の場合も同様に，頂点の軌跡は対数らせんを近似します．

課題 * 4.2　正三角形に内接する正三角形を RecurPolygon を使って再帰的に描く．「ずれ」の大きさを a とするとき，$b = \sqrt{3a^2 - 3a + 1}$，$c = \arctan \frac{\sqrt{3}a}{2-3a}$ とすれば，この頂点の軌跡が偏角 θ，動径 $b^{-\theta/c}$ の対数らせんと重なることをプログラミングして確かめよ．また，これが正しいことを数学的に示せ．

課題 ** 4.3　正 n 角形に内接する正 n 角形を RecurPolygon を使って再帰的に描いたとき，正 n 角形の頂点の軌跡はどのような対数らせんを近似するか？

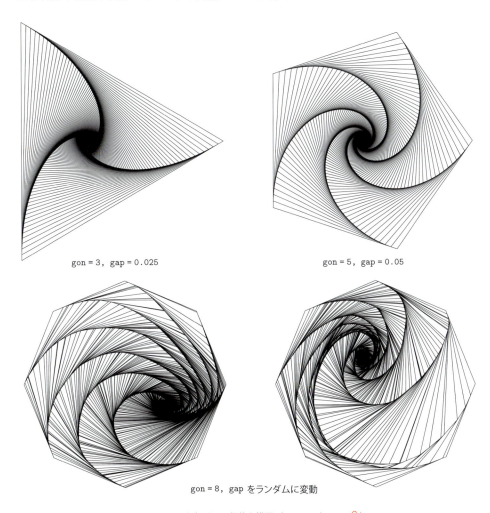

gon = 3, gap = 0.025

gon = 5, gap = 0.05

gon = 8, gap をランダムに変動

図 4.13：正多角形の再帰的な描画（RecurPolygon）

4.3.4 黄金らせん

ϕ を黄金数,つまり $\phi = (1+\sqrt{5})/2$ とします.偏角が θ,動径が $\phi^{2\theta/\pi}$ であるような対数らせんを**黄金らせん**と呼びます.前章のフィボナッチらせんは,実は黄金らせんの近似なのです.フィボナッチらせんと黄金らせんを同時に描画し,それを観察してみましょう.

コード 4.9:黄金らせんとフィボナッチらせん　　GoldFiboSpiral

```
1   int[] fibo = {0, 1, 1}; // フィボナッチ数列の配列
2   int[] SGN = {-1, 1, 1, -1}; // 正方形を敷き詰める方向
3   void setup(){
4     size(500, 500);
5     translate(width / 2, height / 2);
6     stroke(0);
7     drawFiboSpiral();    // フィボナッチらせんの描画
8     stroke(255, 0, 0);
9     drawGoldSpiral(); // 黄金らせんの描画
10  }
```

前章でフィボナッチらせんを作るプログラム(コード 3.11)をコーディングしましたが,そこで黄金らせんを描く `drawGoldSpiral` 関数(コード 4.10)を呼び出します.このプログラムを動かすと,`fibo` 配列の長さが増えるほど,フィボナッチらせんが黄金らせんに近づくことが分かります(図 4.14).

コード 4.10:黄金らせんを描画する関数　　GoldFiboSpiral

```
1   void drawGoldSpiral(){
2     float scalar = (float) width / (2 * fibo[fibo.length - 1]);
3     float PHI = (1 + sqrt(5)) / 2; // 黄金数
4     float STEP = -PI / 50;
5     PVector O = new PVector(1, 1); // らせんの中心
6     PVector v = new PVector(0, 1); // らせんの出発点
7     for(int i = 1; i < fibo.length - 1; i++){
8       v.add(SGN[i % 4]* fibo[i], SGN[(i-1) % 4]* fibo[i]); // 出発点を順に移動
9     }
10    v.sub(O);
11    v.mult(scalar);      // ウィンドウサイズに合わせてスカラー倍
12    translate(scalar, scalar); // ウィンドウサイズに合わせて移動
13    for (int i = 0; i < (fibo.length - 2) * 25; i++){
14      PVector nextV = v.copy();
15      nextV.rotate(STEP);
16      nextV.mult(pow(PHI, 2 * STEP / PI));
17      line(v.x, v.y, nextV.x, nextV.y);
18      v = nextV;
19    }
20  }
```

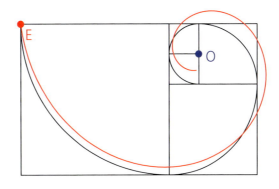

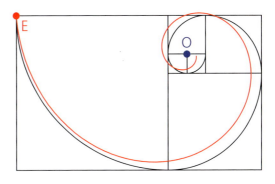

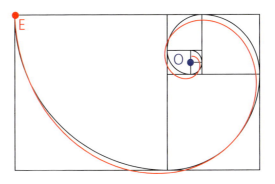

図 4.14：フィボナッチらせんと O を中心とした黄金らせん（GoldFiboSpiral）

■ 黄金長方形とフィボナッチらせん

フィボナッチ長方形はフィボナッチ数の項数を増やすと黄金長方形に近づくことを前章で見ました．フィボナッチらせんの中心はどこへ向かうのかを観察してみましょう．各正方形の円弧の中心を，正方形が大きい方から順に $O_1, O_2, O_3, \cdots$ とします（図4.15）．正方形の数をある程度増やせば，つまり黄金長方形に十分近い長方形の上では，これらの点は2本の直線の上に並ぶことが分かります．この直線の交点をOとすると，$O_1, O_2, O_3, \cdots$ はOに向かっています．

図4.15の長方形ABCDは黄金長方形であるとします．このとき，このフィボナッチらせんが線分ACと線分 BO_1 の交点であるOを中心とした黄金らせんを近似することを見てみましょう．まず黄金長方形の性質より，分割で表れる正方形の辺は ϕ^{-1} 倍ずつ縮小しています．よって $\triangle ABC$，$\triangle O_1 AB$，$\triangle O_3 O_2 O_1$ はそれぞれ相似であり，さらにそれらは $\triangle O_3 O O_2$ とも相似であることが分かります．この辺の比より

$$O_3 O : O_2 O = 1 : \phi$$

が成り立ちます．また直線とフィボナッチらせんの交点を E_1, E_2 とすれば，$\triangle O_1 O_2 E_1$ は $\triangle O_2 O_3 E_2$ と相似であることから（課題4.4），辺の比より

$$O_3 E_2 : O_2 E_1 = 1 : \phi = (O_3 E_2 + O_3 O) : (O_2 E_1 + O_2 O) = OE_2 : OE_1$$

が成り立ちます．よってOを中心として E_1 から $-\pi/2$ 回転して E_2 に移ると，Oからの距離が ϕ^{-1} 倍されます．したがってこれは黄金らせんを近似することが分かります．

課題4.4 図4.15において $\triangle O_1 O_2 E_1$ と $\triangle O_2 O_3 E_2$ が相似であることを示せ．

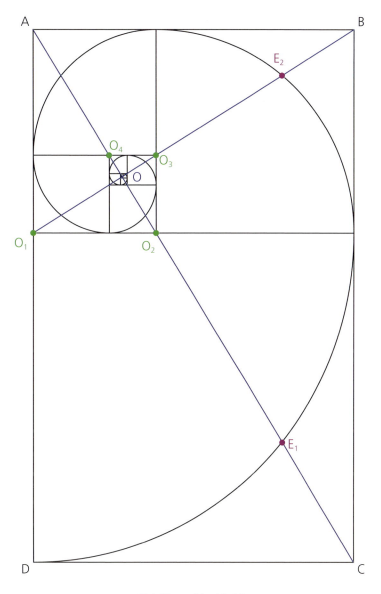

図 4.15：フィボナッチらせん

第 5 章　フェルマーらせん

　この章ではフェルマーらせんについて学びます．前章で学んだように，フェルマーらせんは偏角 θ に対し，動径が $a\sqrt{\theta}$（a は正の定数）からなるらせんです[*1]．実はこれが第 2 章で学んだ連分数と関係しています．数を連分数で表すことの利点の一つは，それを使って連分数近似ができることですが，この章では連分数近似がフェルマーらせんによって可視化されることを学びます．

この章のキーポイント

- フェルマーらせん上の点をある一定の角ごとにバラバラに取る（離散化する）と，別のらせん模様が表れる
- この（離散的な）フェルマーらせんは世代ごとの変化があり，世代によって渦の向きが変わる
- 連分数展開を途中で止めると分数による近似ができるが，この近似がフェルマーらせんの各世代のかたちと関係している

この章で使うプログラム

- FermatSpiral: フェルマーらせんを描く
- FermatSpiralLine: フェルマーらせんと補助線を描く

[*1]　[Pi] によると，フェルマーらせんは 17 世紀の数学者フェルマーの手稿で考察されており，それにちなみフェルマーらせんと呼ばれています．

5.1 離散的ならせん

ある正の実数 r に対し，偏角 θ，動径 $\sqrt{\theta/(2\pi r)}$ で与えられるフェルマーらせんを考えてみましょう．このフェルマーらせん上で，θ に $2\pi r$ ずつ加えて得られる点を取ります．すなわち xy 座標平面上 $(\sqrt{k}\cos(2\pi kr), \sqrt{k}\sin(2\pi kr))$ で，k に自然数を 1 から順に代入して得られる点を取ります．フェルマーらせんは連続でつながっていますが，これは点がバラバラに並んでいるので，フェルマーらせんの**離散化**と呼ぶことにしましょう．混乱がない限り，この離散的なフェルマーらせんを（実数 r の）フェルマーらせんと呼ぶことにします．このフェルマーらせんは図 5.1 のようなルールに従って点を描画しています．

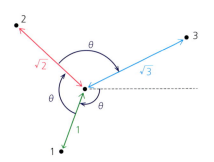

⓪回転の中心と回転角 $\theta = 2\pi \times r$ を固定する．
①時計回りに θ 回転し，中心から 1 離れた場所に 1 つ目の点を描く
②1 つ目の点から時計回りに θ 回転し，中心から $\sqrt{2}$ 離れた場所に 2 つ目の点を描く
③2 つ目の点から時計回りに θ 回転し，中心から $\sqrt{3}$ 離れた場所に 3 つ目の点を描く
⋮

図 5.1：実数 r のフェルマーらせん

コード 5.1：離散的なフェルマーらせん　　FermatSpiral

```
int itr = 0; // 描画の繰り返し回数を数える変数
float scalar = 5; // 拡大倍率
void setup() {
  size(500, 500);
  background(255); // 背景を白くする
}
void draw() {
  translate(width / 2, height / 2); // 描画ウィンドウの中心に移動
  fill(0); // 点を黒く塗る
  drawFermatSpiral(17.0 / 55); // 引数を回転角とするフェルマーらせんの描画
  itr++;
}
void drawFermatSpiral(float rot){
  float theta = 2 * PI * itr * rot; // 回転角
  PVector v = PVector.fromAngle(theta);
  v.mult(scalar * sqrt(itr));
  ellipse(v.x, v.y, scalar, scalar); // 点を描画
}
```

これを描画すると，各点をバラバラに点描しているにも関わらず，らせん模様が表れていることが分かります．これを使って，17/55 と $\sqrt{5}$ のフェルマーらせんを観察してみましょう．

■ 回転角 rot = 17.0 / 55 の場合

　図 5.2 は 500 個の点，5000 個の点を打った 17/55 のフェルマーらせんです．これを見ると，まず時計回りの渦が生まれ，次にそれが反時計回りに向きを変え，最後に放射型に変化し，放射型になってからは変化しないことが分かります．時間経過によってかたちが変わるので，ここでは最初に現れるかたちを第 1 世代と呼び，かたちの変化によって世代数が増えていくことにしましょう．さらに各世代の渦を見ると，世代によって渦の枝が変化しており，第 1 世代の枝の本数が 3 本，第 2 世代の枝の本数が 13 本，第 3 世代の枝の本数が 55 本となることが分かります（図 5.3）．

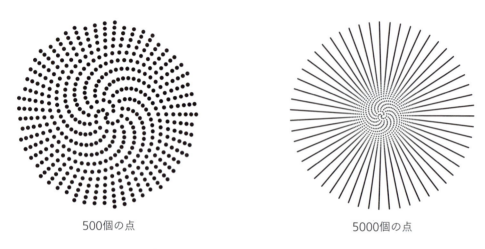

図 5.2：17/55 のフェルマーらせん（FermatSpiral: rot = 17.0 / 55）

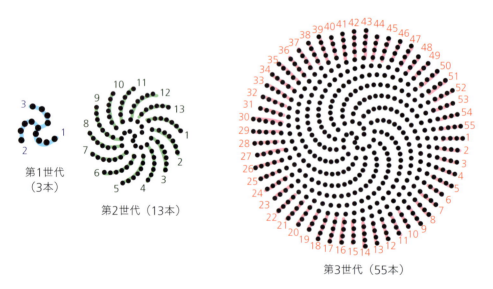

図 5.3：各世代の枝の本数（FermatSpiral: rot = 17.0 / 55）

■ 回転角 rot = sqrt(5) の場合

一方，$\sqrt{5}$ のフェルマーらせんも，17/55 の場合と同じように，渦巻き模様が生まれます．この場合も時計回り・反時計回りと時間経過とともに向きを変えることは同じですが，17/55 と異なり，第 3 世代は放射型にならずに時計回りの渦となっています．また各世代の枝の本数も異なっています．

図 5.4：$\sqrt{5}$ のフェルマーらせん（FermatSpiral: rot = sqrt(5)）

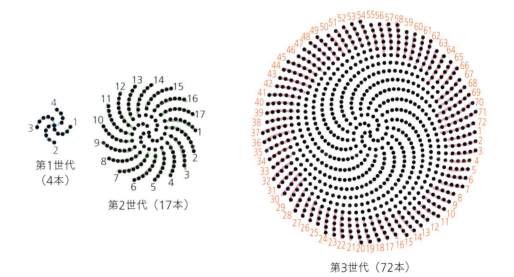

図 5.5：各世代の枝の本数（FermatSpiral: rot = sqrt(5)）

> **註 12［フェルマーの最終定理］** フェルマーらせんの二つのかたちとして，「連続につながったもの」と「バラバラに離れているもの」を考えましたが，この二つの違いはパラメータ変数が実数か整数かの違いによるものです．ふつう「かたち」というと，円や球など連続的につながったものをイメージしますが，これらは実数によってパラメトライズされます．ここで実数で考えていたところに整数のような離散的な数を当てはめれば，離散的なものに対して幾何学を考えることができます．例えば註 1 で見たように，自然数 a, b, c に対して $ax + by = c$ は実数上では直線ですが，整数で考えると離散的な点集合です．このような代数方程式の整数解に関する問題はディオファントス問題と呼ばれています．
>
> フェルマーらせんの名の由来にもなったフェルマーは，このディオファントス問題に関して様々な仕事を残しています．とくに有名なのはフェルマーの最終定理と呼ばれるもので，それは整数 $n \geq 3$ に対し，$x^n + y^n = z^n$ を満たす自然数の組 (x, y, z) は存在しない，というものです．問題自体は単純で，がんばれば解けそうな気さえしますが，見た目に反してこれは大変難しく，フェルマーによる予想からワイルズによる解決までに約 350 年を要しました．この証明には，数論幾何学と呼ばれる離散的な幾何学の理論や解析関数（註 6）の理論が駆使されています．

5.2 連分数近似の可視化

実数 r のフェルマーらせんで表れるかたちは，実は r の連分数近似と関係しています．先に見た 2 つの数 $17/55$ と $\sqrt{5}$ を連分数で表すと，次のようになります．

$$\frac{17}{55} = \frac{1}{\frac{55}{17}} = \frac{1}{3+\frac{4}{17}} = \frac{1}{3+\frac{1}{\frac{17}{4}}} = \frac{1}{3+\frac{1}{4+\frac{1}{4}}} = [0; 3, 4, 4]$$

$$\sqrt{5} = 2 + 0.2360679775\cdots = 2 + \frac{1}{\frac{1}{0.2360679775}} = 2 + \frac{1}{4+0.2360679775\cdots}$$

$$= 2 + \frac{1}{4+\frac{1}{\frac{1}{0.2360679775\cdots}}} = 2 + \frac{1}{4+\frac{1}{4+0.2360679775\cdots}} = [2; 4, 4, 4, \cdots] = [2; \overline{4}]$$

第 3 章で循環連分数と近似の関係について見ましたが，もう一度連分数近似に関して次の事実を復習しておきましょう．

連分数近似

ある実数 r が $r = [r_0; r_1, r_2, \cdots]$ と連分数展開されているとき, $[r_0; r_1, \cdots, r_n]$ を r の第 n 近似分数, また n をその次数という. 連分数近似は次数が上がるにつれ, r との誤差の絶対値が減少する.

実際計算してみると, 17/55 の場合は次のようになります.

⓪ $[0] = 0$, 　誤差: $\frac{17}{55} - 0 = +0.309090\cdots$

① $[0;3] = \frac{1}{3}$, 　誤差: $\frac{17}{55} - \frac{1}{3} = -0.0242424\cdots$

② $[0;3,4] = \frac{1}{3+\frac{1}{4}} = \frac{4}{13}$, 　誤差: $\frac{17}{55} - \frac{4}{13} = +0.0013986\cdots$

③ $[0;3,4,4] = \frac{17}{55}$, 　誤差: ± 0

有理数の場合は, 連分数近似の次数を上げると何回かでその数自体に辿りつきますが, $\sqrt{5}$ のような無理数の場合, 連分数近似がその数自体になることはありません.

⓪ $[2] = 2$, 　誤差: $\sqrt{5} - 2 = +0.2360679\cdots$
① $[2;4] = \frac{9}{4}$, 　誤差: $\sqrt{5} - \frac{9}{4} = -0.013932\cdots$
② $[2;4,4] = \frac{38}{17}$, 　誤差: $\sqrt{5} - \frac{38}{17} = +0.0007738\cdots$
③ $[2;4,4,4] = \frac{161}{72}$, 　誤差: $\sqrt{5} - \frac{161}{72} = -0.0000431\cdots$
　　　　$\vdots$

17/55 と $\sqrt{5}$ の連分数近似の分母に注目してみましょう. 17/55 の近似分数の分母は順に 3, 13, 55 であり, $\sqrt{5}$ の近似分数の分母は順に 4, 17, 72 です. これはフェルマーらせんの**各世代の枝の本数と一致**しています. またその誤差に注目してみると, **各世代の渦の向きが誤差の符号 + − と対応**しています. さらに**誤差が 0 になると放射型になって世代変化が止まる**ことが分かります. ここで $\sqrt{5}$ の連分数近似は誤差が 0 にはならないため, 世代変化は停止していません.

5.2.1 有理数の連分数近似

なぜ各世代のかたちは連分数近似と関係しているのでしょうか？まず r が有理数の場合, すなわち r の連分数近似が有限で終わる場合について, フェルマーらせんのかたちの理由を考えてみましょう.

■ rot = 1.0 / n の場合

まず $r = 1/n$ の場合を考えてみましょう．図 5.6 は rot = 1.0 / n として n に $5, 10, 20, 40$ を代入したものです．この場合，分母が小さい場合はすぐに放射型の直線が表れますが，分母の数が大きくなると，放射型になるまでに一本渦の段階を経ていることが分かります．

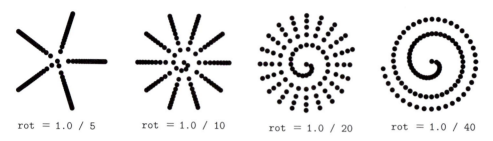

rot = 1.0 / 5　　　rot = 1.0 / 10　　　rot = 1.0 / 20　　　rot = 1.0 / 40

図 5.6：フェルマーらせん（FermatSpiral）

このかたちの理由は補助線を引くと答えが見えます．連続なフェルマーらせんと中心角の等分線を描く次の関数をコード 5.1 の setup 関数内で呼び出します．

コード 5.2：補助線を描く関数　　FermatSpiralLine

```
1   void drawLine(int n){ // 中心角の等分線を描く関数
2     for(int i = 0; i <= n / 2; i++){
3       PVector v = PVector.fromAngle(2 * i * PI / n); // 円周上のn等分点を取る
4       v.mult(width / sqrt(2)); // 画面いっぱいに線を引くように拡大
5       line(v.x, v.y, -v.x, -v.y);
6     }
7   }
8   void drawRealCurve(float rot){ // 連続的なフェルマーらせんを描く関数
9     float STEP = 2 * PI * 0.01; // 曲線の精度
10    float theta = 0; // 偏角
11    float rad = 0; // 動径
12    noFill();
13    beginShape();      // 頂点をつないで図形を描画
14    while(rad < width / sqrt(2)){
15      rad = scalar * sqrt(theta / (2 * PI * rot));
16      PVector v = PVector.fromAngle(theta);
17      v.mult(rad);
18      vertex(v.x, v.y); // 頂点をセット
19      theta += STEP;
20    }
21    endShape();
22  }
```

コード 5.2 の 13 行目の beginShape 関数は様々な図形を描くための関数です．ここでは 21 行目の endShape 関数の間に挟まれた 14 ～ 20 行目に vertex 関数で指定した点を，線分でつ

ないでいます．このプログラムを実行すると，図 5.7 のようになります．連続する 2 点は偏角 $2\pi r$ だけ離れているので，r が小さいほど 2 点間の距離は縮まり，さらに同じ偏角だけ離れていたとしても，中心から距離が離れるほど 2 点間の距離は広がります．よって rot = 1.0 / n の場合，n が大きいほど一本渦の段階が長く，中心から離れないと放射型直線にはなりません．

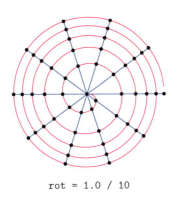
rot = 1.0 / 10

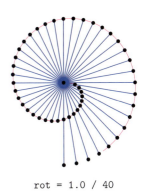
rot = 1.0 / 40

図 5.7：連続的なフェルマーらせんと中心角の等分線

■ かたちの世代変化

次に $r = 20/61 = [0; 3, 20]$ の場合を考えてみましょう．このフェルマーらせんを描画すると，第 1 世代に 3 本の枝を持つ時計回りの渦，第 2 世代に 61 本の放射型直線を持つフェルマーらせんがあらわれます（図 5.8）．これは $20/61$ の第 1 近似分数が $1/3$，第 2 近似分数が $20/61$ であることからも分かります．ここで $1/3$ のフェルマーらせんと $1/61$ のフェルマーらせんを重ねて描画すれば，このかたちの仕組みが見えてきます．コード 5.1 の draw 関数の部分を次のように書き換えて，複数のフェルマーらせんを同時に描いてみましょう．

```
1  void draw() {
2    ...
3    fill(255, 0, 0, 127); // 点を赤く塗る
4    drawFermatSpiral(1.0 / 3);
5    fill(0, 0, 255, 127); // 点を青く塗る
6    drawFermatSpiral(1.0 / 61);
7    fill(0, 255, 0, 127); // 点を緑に塗る
8    drawFermatSpiral(20.0 / 61);
9  }
```

ここで fill 関数の最初の 3 つの引数は RGB 形式のそれぞれのパラメータ値を 0 から 255 までの値で定め，4 つ目の引数はアルファ値と呼ばれる色の透過性を設定しています．色を半透明にすることにより，点の重なりを可視化することができます．

1/3 と 20/61 のフェルマーらせんを重ね合わせて比べると，点が増えるたびに 2 つのらせんのずれが増幅していくことが分かります（図 5.8）．これは 20/61 の第 1 近似分数 1/3 との誤差

$$\frac{20}{61} - \frac{1}{3} = -0.0054644\cdots$$

から生じるもので，点を打つたびに $2\pi \times \left(\frac{20}{61} - \frac{1}{3}\right) \fallingdotseq -2°$ のずれが生じます．最初は小さなずれであっても，それが積み重なってずれが増幅するため，渦巻き模様が生まれます．またこの誤差は負であるため渦は時計回りであり，これが第 1 世代のかたちを生み出します．さらに点の個数が増えると点が中心から遠ざかり，渦巻き模様は放射型へと遷移します．これによって第 2 世代である放射型直線が生まれます．一方，20/61 と 1/61 のフェルマーらせんを重ね合わせると，両者は最初バラバラですが，時間が経てばこの 2 つのフェルマーらせんは重なることが分かります．

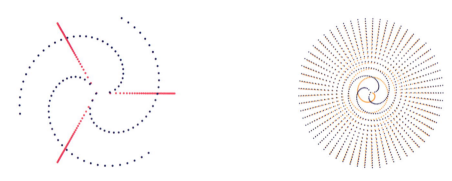

図 5.8 : FermatSpiral: rot = 20.0 / 61, 1.0 / 3, 1.0 / 61

　一般に有理数 $r = [r_0; r_1, r_2, \cdots, r_n]$ で $n \geqq 2$ の場合，r のフェルマーらせんは第 $(n-1)$ 近似分数 $[0; r_1, \cdots, r_{n-1}]$ のフェルマーらせんに途中まで近似し，それが放射型になると誤差によってずれが生じます．この誤差が負ならば時計回りに，正ならば反時計回りにずれが広がり，それが遷移して放射型になります．一般に連分数近似の誤差は負と正を交互に繰り返すため，渦は時計回り，反時計回りを交互に繰り返し，最終的に放射型へと落ち着きます．ここで最終世代の放射型直線の本数は，もとの有理数の分母と一致します．

図 5.9 : FermatSpiral: rot = 4.0 / 17, 17.0 / 72, 72.0 / 305

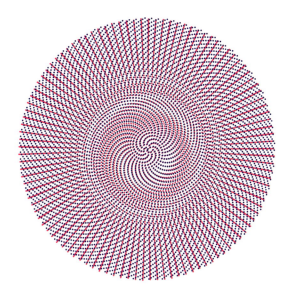

図 5.10：FermatSpiral: rot = 33.0 / 109, 109.0 / 360

■**課題 5.1**　4/17, 17/72, 72/305, 33/109, 109/360 を連分数近似し，それが図 5.9，図 5.10 と対応していることを確かめよ．

5.2.2　無理数の連分数近似

有理数のフェルマーらせんは何世代かの変化を経て，その分母の数だけ枝を持つ放射型に落ち着きます．一方，無理数は分数の形で書けないため，放射型に落ち着くことはありません．例えば円周率 π は無理数ですが，π のフェルマーらせんは図 5.11 のように描画されます．

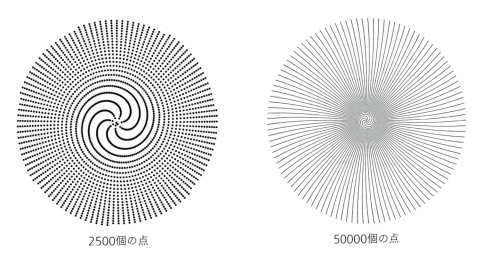

2500個の点　　　　　　　　　　50000個の点

図 5.11：FermatSpiral: rot = PI

図 5.11 を見ると，7 本の時計回りの渦からはじまり，その後 113 本の放射型直線へ世代変化しているように見えますが，点を 50000 個まで増やすと，それは直線ではなく，とても緩やかな時計回りの渦だということが分かります．π を連分数で表すと

$$\pi = [3; 7, 15, 1, 292, 1, 1, \cdots]$$

と循環しない数列が表れますが，この連分数近似と誤差を計算すると，次のようになります．

⓪ $[3] = 3$，　誤差: $\pi - 3 = +0.1415926\cdots$
① $[3; 7] = \frac{22}{7}$，　誤差: $\pi - \frac{22}{7} = -0.0012644\cdots$
② $[3; 7, 15] = \frac{333}{106}$，　誤差: $\pi - \frac{333}{106} = +0.0000832\cdots$
③ $[3; 7, 15, 1] = \frac{355}{113}$，　誤差: $\pi - \frac{355}{113} = -10^{-7} \times 2.6676\cdots$
④ $[3; 7, 15, 1, 292] = \frac{103993}{33102}$，　誤差: $\pi - \frac{103993}{33102} = +10^{-10} \times 5.7789\cdots$
⋮

ここで第 1 近似分数と第 3 近似分数は渦の枝の数から確認できますが，第 2 近似分数の分母の 106 は図 5.11 からはよく分かりません．これは 106 と第 3 近似分数の分母 113 がとても近いことによるものです．枝が 106 本の第 2 世代は 113 本の第 3 世代ととても近いため，消えてしまっているように見えるのです．また第 4 近似分数の分母 33102 は，第 3 近似分数の分母 113 と大きく離れており，また第 3 近似分数は π との誤差がとても小さいため，113 本の枝の世代が長く続いています．

　ここで第 2 近似分数と第 3 近似分数の分母の差が小さいのは，π の連分数展開 $[3; 7, 15, 1, 292, \cdots]$ において 1 が小さいことに起因し，また第 3 近似分数と第 4 近似分数の分母の差が大きいのは，292 が大きいことに起因しています．一般に連分数 $r = [r_0; r_1, r_2, \cdots, r_n]$ に対し，r_n が小さければ r の分母と第 $(n-1)$ 近似分数 $[r_0; r_1, \cdots, r_{n-1}]$ の分母の差は小さく，逆に r_n が大きければその差は大きいことが分かります（課題 5.2（1））．このため，$r_1, \cdots, r_n$ が大きければ，かたちの各世代が長く続き，逆に小さければ各世代は短く終わります．また，これは連分数近似の誤差とも関係しており，無理数の連分数展開 $r = [r_0; r_1, r_2, \cdots]$ において，r_n が大きいほど第 $(n-1)$ 近似分数と r の誤差は小さくなります（課題 5.2（2）（3））．

　黄金数とは循環連分数 $[1; \overline{1}]$ のことでした．黄金数のフェルマーらせんは，この法則に当てはめると，各世代が最も短く，さらに近似の誤差が最も大きい連分数です．これを描画すると，ヒマワリの種の並び方に似たかたちが表れます．（図 5.12）．

図 5.12：FermatSpiral: rot = (1 + sqrt(5)) / 2

課題 5.2 ある実数 $r = [r_0; r_1, r_2, \cdots]$ の第 n 近似分数を p_n/q_n とする．次が正しいことを，この章で扱った連分数近似に対して確かめよ．

(1) 数列 $\{p_n\}$, $\{q_n\}$ は，以下の初期値と漸化式によって与えられる．
$$p_{-2} = q_{-1} = 0, \quad p_{-1} = q_{-2} = 1,$$
$$p_n = r_n p_{n-1} + p_{n-2}, \quad q_n = r_n q_{n-1} + q_{n-2}$$

(2) $\dfrac{p_n}{q_n} - \dfrac{p_{n-1}}{q_{n-1}} = \dfrac{(-1)^{n-1}}{q_n q_{n-1}}$

(3) $\left| r - \dfrac{p_n}{q_n} \right| < \dfrac{1}{q_n^2}$

註 13 [連分数近似とペル方程式] 連分数展開はディオファントス問題（註 12）に応用することができます．自然数 N に対して，$x^2 - Ny^2 = 1$ はペル方程式と呼ばれますが，この方程式の整数解は $\sqrt{N}$ の連分数近似を使って求めることができます．実際，$\sqrt{N}$ の第 m 近似を a_m/b_m とし，(a_m, b_m) を順にペル方程式に代入すると，何回かで解にたどり着きます．例えば $N = 2$ の場合，$\sqrt{2} = [1; \overline{2}]$ の連分数近似は第 0 近似から順に $2, 3/2, 7/5, 17/12, \cdots$ ですが, $(x, y) = (2, 1), (3, 2), (7, 5), (17, 12)$ をこのペル方程式に代入すると

$$2^2 - 2 = 2, \quad 3^2 - 2^3 = 1, \quad 7^2 - 2 \times 5^2 = -1, \quad 17^2 - 2 \times 12^2 = 1$$

であり，$(x, y) = (3, 2), (17, 12)$ が解であることが分かります．

第 6 章 合同な数

　これまでの章では，自然数，整数，有理数，無理数といった数から生み出されるかたちを見てきました．これらの数はすべて実数という数の体系に含まれています．この章では，実数ではない数の体系について考え，そのかたちを観察します．

> **この章のキーポイント**
> - 割り算の余りに注目することで，整数に合同関係が入る
> - 自然数 n を法として合同な数は，0 以上 $n-1$ 以下の整数によって代表される
> - 合同式における算術は，代表元の計算によって得られる
> - 合同算術の計算結果は表に書き出すことができる
>
> **この章で使うプログラム**
> - Table: 合同算術における加法表・乗法表の書き出し
> - TableVar: 加法表・乗法表の可視化
> - Power: 合同算術におけるべき乗法表の書き出し
> - PowerVar: べき乗法表の可視化

6.1 合同関係

整数には「合同」という関係を入れることができます．この合同関係に着目すれば，整数は合同な数どうしの集まりに分けることができます．

■ 偶数・奇数

私たちが慣れた数の分類方法として，偶数・奇数があります．これによって自然数は偶数か奇数のどちらかに分けることができます．例えば $2, 4, 6, 8, 10, \cdots$ は偶数で，$1, 3, 5, 7, 9, \cdots$ は奇数です．偶数 $2, 4, 6, 8, \cdots$ はそれぞれ異なる数であり，$2 = 4$ や $4 = 6$ は正しくない数式ですが，「偶数である」という関係においてはつながっています．この関係を**合同**と呼び，$\equiv$ によって表します．つまり $2 \equiv 4$，$4 \equiv 6$ と表すことができます．同様に奇数の場合も $1 \equiv 3$，$3 \equiv 5$ と表すことができます．$\equiv$ によってつながった数式を**合同式**と呼びます．

偶数・奇数の違いは，2で割ったときの余りの数によって決まります．つまり2で割った余りが0のとき偶数で，1のとき奇数です．偶数・奇数の合同関係は2で割った余りによって決まるため，**2を法とした**合同と呼び，合同式には mod 2 を併記します（ただし何を法としているかが明確な場合は省略します）．偶数・奇数のそれぞれの数は合同ですから，$\equiv$ でつなげば次のように表すことができます．ここで0は2で割ると余り0なので，0も偶数としています．

$$偶数 : 0 \equiv 2 \equiv 4 \equiv 6 \equiv 8 \equiv \cdots \quad \mod 2$$

$$奇数 : 1 \equiv 3 \equiv 5 \equiv 7 \equiv 9 \equiv \cdots \quad \mod 2$$

■ n を法とした合同

2以上の自然数 n に対しても，n で割った余りを考えることで，n を法とした合同関係を考えることができます．例えば，$n = 3$ のときは

$$3で割ると0余る数 : 0 \equiv 3 \equiv 6 \equiv 9 \equiv \cdots \quad \mod 3$$

$$3で割ると1余る数 : 1 \equiv 4 \equiv 7 \equiv 10 \equiv \cdots \quad \mod 3$$

$$3で割ると2余る数 : 2 \equiv 5 \equiv 8 \equiv 11 \equiv \cdots \quad \mod 3$$

$n = 4$ のときは

$$4\text{で割ると}0\text{余る数}: 0 \equiv 4 \equiv 8 \equiv 12 \equiv \cdots \mod 4$$
$$4\text{で割ると}1\text{余る数}: 1 \equiv 5 \equiv 9 \equiv 13 \equiv \cdots \mod 4$$
$$4\text{で割ると}2\text{余る数}: 2 \equiv 6 \equiv 10 \equiv 14 \equiv \cdots \mod 4$$
$$4\text{で割ると}3\text{余る数}: 3 \equiv 7 \equiv 11 \equiv 15 \equiv \cdots \mod 4$$

であり,これを一般化すると,

nで割ると0余る数: $0 \equiv n \equiv 2n \equiv 3n \equiv \cdots \mod n$

nで割ると1余る数: $1 \equiv n+1 \equiv 2n+1 \equiv 3n+1 \equiv \cdots \mod n$

$$\vdots$$

nで割ると$n-1$余る数: $n-1 \equiv 2n-1 \equiv 3n-1 \equiv 4n-1 \equiv \cdots \mod n$

が得られます.すべての自然数は n で割ると余りは 0 以上 $n-1$ 以下のどれかになるので,n を法として合同な数は n 種類に分類することができます.

また 0 以上 $n-1$ 以下の整数 b に対し,n で割ると b 余る数は,自然数 a によって $an + b$ と書くことができます.つまり次のように書けます.

$$c \equiv b \mod n \iff c = an + b \text{ となる } a \text{ が存在する}$$

この a を整数にも適用できるようにすれば,整数に n を法とした合同関係が入ります.つまり n を法として,整数には次のような合同関係が定まります.

$$\cdots \equiv -2n \equiv -n \equiv 0 \equiv n \equiv 2n \equiv \cdots$$
$$\cdots \equiv -2n+1 \equiv -n+1 \equiv n+1 \equiv 2n+1 \equiv \cdots$$
$$\vdots$$
$$\cdots \equiv -n-1 \equiv -1 \equiv n-1 \equiv 2n-1 \equiv 3n-1 \cdots$$

したがって次が成り立ちます.

整数の合同

すべての整数は自然数 n を法としたとき,$0, \cdots, n-1$ のどれかの整数と合同である.

例えば -5 は $-5 = -3 \times 2 + 1$ であることより $-5 \equiv 1 \mod 2$ であり，-8 は $-8 = -3 \times 3 + 1$ であることより $-8 \equiv 1 \mod 3$ です．

課題 6.1 次の数は 10 を法として，0 以上 9 以下のどの整数と合同か？

(1) 13　　(2) 125　　(3) -7　　(4) -26　　(5) -3876

6.2 合同算術

整数は足し算・引き算・かけ算の算術ができますが，これを合同式で考えてみましょう．例えば $3 \times 5 = 15$ ですが，これを 2 を法として考えれば，15 を 2 で割ると 1 なので

$$3 \times 5 \equiv 1 \mod 2$$

が成り立ちます．こういった合同に関する算術を**合同算術**と呼びます．普通の整数の算術では 3×5 の答えは 15 しかありえませんが，2 を法とした合同算術では，1 と合同となる数すべてが答えになります．つまり上の合同算術の答えは 3 でも 5 でも 2891 でも正しく，無数の答えが存在します．

一方，2 を法としたとき $3 \equiv 1, 5 \equiv 1$ ですが，3×5 も 1×1 も 2 を法とすると答えは同じであることから，

$$3 \times 5 \equiv 1 \times 1 \mod 2$$

が成り立ちます．一般に，偶数と奇数は足し算・かけ算に関して次のようなの性質を持っています．

偶数 + 偶数 = 偶数,　奇数 + 偶数 = 奇数,　奇数 + 奇数 = 偶数

偶数 × 偶数 = 偶数,　奇数 × 偶数 = 偶数,　奇数 × 奇数 = 奇数

上の式で偶数に 0，奇数に 1 を代入し，$=$ を $\equiv$ に変えて 2 を法とした合同式としても上の式は正しいことが分かります．実際，2 を法としたとき以下が成り立ちます．

$$\begin{aligned} 0 + 0 \equiv 0, \quad 1 + 0 \equiv 1 \quad 1 + 1 \equiv 0 \\ 0 \times 0 \equiv 0, \quad 1 \times 0 \equiv 0 \quad 1 \times 1 \equiv 1 \end{aligned} \quad (6.1)$$

実はこの性質はすべての自然数 n に対して成り立ち，次のように書くことができます．

合同算術

n を自然数とし，a, b, c, d を整数とする．$a \equiv c, b \equiv d \mod n$ のとき，次が成り立つ．

$$a \begin{Bmatrix} + \\ - \\ \times \end{Bmatrix} b \equiv c \begin{Bmatrix} + \\ - \\ \times \end{Bmatrix} d \mod n$$

この性質により，合同算術は計算を効率化することができます．例えば $18 \equiv 4$, $22 \equiv 1 \mod 7$ より，$18 \times 22 \mod 7$ は $18 \times 22 \div 7$ を計算をせずとも

$$18 \times 22 \equiv 4 \times 1 \equiv 4 \mod 7$$

によって簡単に計算することができます．とくにこれはべきの計算に力を発揮します．例えば $22^{100} \mod 7$ は，22^{100} の計算には長い桁数の計算が必要となりますが，$22 \equiv 1$ を使えば

$$22^{100} \equiv 1^{100} = 1 \mod 7$$

によって簡単に計算することができます．

課題 6.2 次の数は 7 を法として，0 以上 6 以下のどの整数と合同か？

(1) $3501 + 7006$ (2) $29 \times 30 \times 31$ (3) 29^{100} (4) 27^{100}

6.2.1 加法表・乗法表

n を法としたとき，すべての整数は 0 以上 $n-1$ 以下のどれかと合同になります．つまり合同な整数の集まりをとれば，その集まりには 0 以上 $n-1$ 以下のどれかの数が 1 つだけ含まれており，この数を代表として選ぶことができます．このような数を（n を法として合同な整数の集合の）**代表元**と呼びます．例えば 2 を法とした場合，偶数の集合の代表元は 0 で奇数の集合の代表元は 1 です．合同算術の性質により，整数の合同算術は代表元の合同算術へと還元することができます．つまり n を法とした合同算術は **0 以上 $n-1$ 以下の整数の演算結果**によって決まります．

整数全体は無数にあるため，そのすべての演算結果を書き出すことはできませんが，合同算術の場合，代表元は n 個なので演算結果は高々 n^2 個です．n が小さい数ならば，これをすべて書き出すことができます．例えば $n = 2$ ならば，演算結果は式 (6.1) につきます．これを表にすると表 6.1 のように書くことができます．

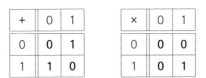

表 6.1：2 を法とした加法表と乗法表

■ 加法表・乗法表の書き出し

コーディングでは，演算子 % によって余りを計算することができます．加法表・乗法表を書き出すプログラムを作ってみましょう．

コード 6.1：加法表・乗法表の書き出し　Table

```
1   int mod = 5; // 法とする自然数
2   size(500, 500);
3   float scalar = (float) width / mod; // 拡大比率
4   for (int i = 0; i < mod; i++){
5     for (int j = 0; j < mod; j++){
6       int num = (i + j) % mod; // 数の計算
7       PVector v = new PVector(j, i); // マスの位置
8       v.mult(scalar);
9       // int num = (i * j) % mod; // 乗法表の場合
10      fill(255); // マスを白くする
11      rect(v.x, v.y, scalar, scalar); // マスの描画
12      fill(0); // 数字を黒くする
13      textSize(scalar);
14      text(num, v.x, v.y + scalar); // 数字の表示
15    }
16  }
```

コード 6.1 では，法とする数 mod を定め，各行左から右へ順に 0 から $n-1$ までを足し（かけ），合同な数を表示します．

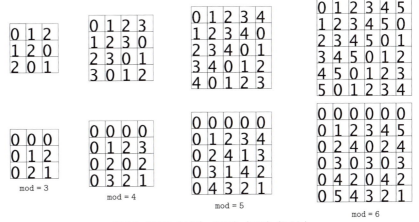

表 6.2：加法表（上段）・乗法表（下段）（Table）

第 6 章　合同な数

表 6.2 を見ると，加法表は上の行から順に数がずれながら循環しているのが分かりますが，乗法表はそこまで単純ではありません．例えば，4 を法とした場合，1 との積の行は $\{0,1,2,3\}$，3 との積の行は $\{0,3,2,1\}$ であり，$0,1,2,3$ すべての数が 1 つずつ出てきます．一方，2 との積の行では $\{0,2,0,2\}$ であり，$0,2$ の 2 つしか数が出てきません．実は，これには最大公約数が関係しています．

合同算術のかけ算

自然数 a と n の最大公約数が b ならば，$a \times m \equiv b \mod n$ となる整数 m が存在する．

この m は拡張ユークリッド互除法（註 1）を使って具体的に計算することができます．とくに a と n の最大公約数が 1 ならば，$a \times m \equiv 1 \mod n$ となる整数 m が存在します．このとき a と n は**互いに素**といい，また m を a の**逆元**と呼んで a^{-1} と書きます．例えば $n=4, a=3$ の場合は，$3 \times 3 \equiv 1 \mod 4$ より $a^{-1} = 3$ です．

■ **課題 6.3**　7 を法としたとき，次の数の逆元が存在すれば求めよ．

(1) 2　　(2) 3　　(3) 4　　(4) 5　　(5) 6

■ 可視化

加法表・乗法表を可視化してみましょう．表中の数は 0 以上 $n-1$ 以下の数によって表されていますが，この数を色や大きさに割り当てると，図形によって可視化することができます．

コード 6.2：加法表・乗法表の可視化　TableVar

```
...
// 色相に対応
fill(num * 1.0 / mod, 1, 1); // 数を円の色相に対応
noStroke();
ellipse(v.x, v.y, scalar / 2, scalar / 2);
// 円の大きさに対応
fill(0, 0, 0);
ellipse(v.x, v.y, scalar * num / mod, scalar * num / mod); // 数を円の直径に対応
```

図 6.1：加法表（上段）・乗法表（下段）の可視化（TableVar: mod = 17）

このかたちには合同算術の性質が反映されています．例えば図 6.2 を見ると，赤と青の対角線に対し，それを軸にひっくり返してもかたちが変わらない性質を持っています．このような性質は**鏡映対称性**と呼ばれます．ここで赤の対角線に関する対称性は，かけ算に関する性質 $a \times b = b \times a$ から，青の対角線に関する対称性は $a \times b \equiv (n-a) \times (n-b)$ から引き起こされています．

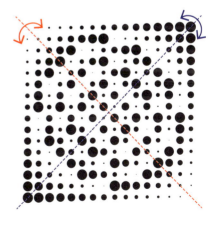

図 6.2：乗法表の鏡映対称性

> **註 14:[合同算術における割り算]** 整数全体は足し算・引き算・かけ算はできますが，割り算はできません．例えば $1 \div 2$ の有理数での答えは $1/2$ ですが，$1/2$ は整数の中にないからです．ここで $1/2$ はどんな数なのかというと，2 をかけると 1 になる数，つまり 2 の逆元です．つまり，すべての 0 でない数に対し逆元が存在するならば，割り算ができます．このような割り算ができる体系を体と呼びます．素数を法とした合同算術では，0 でない代表元すべてに対して逆元が存在するため，割り算ができます．さらに合同な数を同一視すれば，それは有限個の元から成ります．こういった体を有限体と呼びます．有限体の理論はコンピュータでは広く使われています．

6.2.2 べき乗法表

次にべきについて考えてみましょう．2 以上の自然数 n を法としたとき，$0, 1$ のべきは常に $0, 1$ で変わりませんが，2 以上の数のべきはどのようになるでしょうか．合同算術ではかけ算の演算結果は乗法表によって計算できるため，これを使って逐次的に計算すれば，べきも計算することができます．例えば 5 を法とした場合，表 6.2 の乗法表によって次のように計算できます．

$$2^2 = 4, \quad 2^3 \equiv 4 \times 2 \equiv 3, \quad 2^4 \equiv 3 \times 2 \equiv 1,$$
$$3^2 \equiv 4, \quad 3^3 \equiv 4 \times 3 \equiv 2, \quad 3^4 \equiv 2 \times 3 \equiv 1, \quad 4^2 \equiv 1$$

これを表にしたものが表 6.3 です．5 を法とした場合，4 乗すると必ず 1 と合同になることが分かります．

1乗	2乗	3乗	4乗
1	1	1	1
2	4	3	1
3	4	2	1
4	1	4	1

表 6.3: 5 を法としたべき乗法表

■ べき乗法表の書き出し

自然数を法とするべき乗法表を書き出し，その法則を見てみましょう．

コード 6.3: べき乗法表の書き出し　Power

```
1  int mod = 7;
2  size(500, 500);
3  float scalar = (float) width / (mod - 1);
```

```
 4    int num;
 5    for (int i = 1; i < mod; i++){
 6      num = i;  //iの1乗
 7      for (int j = 1; j < mod; j++){
 8        PVector v = new PVector(j - 1, i - 1); // マスの位置
 9        v.mult(scalar);
10        fill(255);
11        rect(v.x, v.y, scalar, scalar); // マスを描画
12        fill(0);
13        textSize(scalar);
14        text(num, v.x, v.y + scalar); //iのj乗をマスに表示
15        num = (num * i) % mod; //numをiの(j+1)乗に更新
16      }
17    }
```

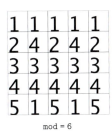
mod = 6

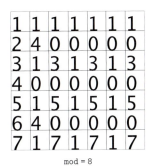
mod = 7

mod = 8

表 6.4：べき乗法表（Power）

　表 6.4 を見ると，何乗かして 1 になる数とならない数があることが分かります．例えば 6 を法とした場合，5 は 2 乗すると 1 ですが，2, 3, 4 は何乗しても 1 にはなりません．また 7 を法とした場合は，1 以上 6 以下の数すべてにおいて 6 乗すると 1 になっています．8 を法とした場合は，奇数は 2 乗すると 1 ですが，偶数は何乗しても 1 にはなりません．この事実は次のように一般化されます．

合同算術におけるべき（オイラーの定理）

自然数 n に対し，$1, \cdots, n-1$ のうち n と互いに素な数の個数を $\varphi(n)$ と書く．このとき，a と n が互いに素ならば次が成り立つ．
$$a^{\varphi(n)} \equiv 1 \mod n$$

　例えば $n = 5$ の場合，$1, 2, 3, 4$ は 5 と互いに素なので $\varphi(5) = 4$ であり，$n = 6$ の場合は $1, 5$ が 6 と互いに素なので $\varphi(6) = 2$ です．とくに n が素数，つまり約数が 1 と n のみならば，$\varphi(n) = n - 1$ であり，$1 \leq a \leq n - 1$ に対して $a^{n-1} \equiv 1 \mod n$ が成り立ちます．べき乗法表もコード 6.2 と同じようにして可視化することができます．

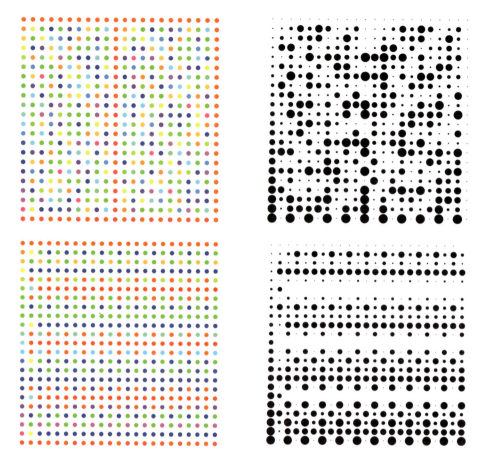

図 6.3: べき乗法表の可視化（`PowerVar`: mod = 23（上段），mod = 24（下段））

　オイラーの定理より，n が素数ならば，1 以上 $n-1$ 以下のすべての自然数 a に対し，$a^{n-1} \equiv 1 \mod n$ が成り立ちます．これはフェルマーの小定理とも呼ばれています．図 6.3 上段を見ると，23 は素数であることから，23 を法としたべき乗法表右端の列（22 乗の列）にはすべて同じ形状の円が表れています．一方，フェルマーの小定理の対偶[*1]を考えれば，$a^{n-1} \not\equiv 1 \mod n$ となる a が存在すれば n は素数ではありません．よってこのべき乗法表の右端の列がバラバラならば，その数が素数ではないと判定することができます．実際，図 6.3 下段を見ると，24 を法としたべき乗法表右端の列の円の形状はバラバラであり，24 は素数ではありません．つまり適当な自然数 a を選んで $a^{n-1} \mod n$ の値を計算し，それが 1 でなければ n は合成数，1 ならば素数の可能性があると判定することができます．このような確率的素数判定法はフェルマーテストと呼ばれており，巨大な自然数が素数かどうかを判定するときの簡易的なアルゴリズムとして使われています．

[*1] 命題「A ならば B」に対し，「B でなければ A でない」をその対偶と呼びます．命題が正しいこととその対偶が正しいことは同じです．

註 15：[暗号理論への応用] この章で学んだ合同算術の性質は，コンピュータ上の暗号理論で重要な役割を果たします．とくに公開鍵暗号と呼ばれる暗号の一種である RSA 暗号では，メッセージを暗号化するには公開鍵と呼ばれる数を使ってべきを計算し，暗号文を元に戻すには，秘密鍵と呼ばれる数を使ってさらにべきを計算します．

公開鍵はその名の通り公開するための鍵であり，公開することによって通信上の手間を大幅に省くことができます．RSA 暗号では，秘密鍵を得るために素因数分解が必要であり，巨大な自然数の素因数分解の難しさによってその安全性が保たれています．

第 7 章 セルオートマトン

　この章で作るプログラムは，数値の集まりをあるルールに沿って繰り返し計算するだけのプログラムです．この単純な計算の繰り返しが生み出すかたちには，秩序と混沌の入り混じった複雑な世界が広がっています．前章で学んだ合同な数を通してこの世界を覗くと，まるでテレビゲームのようにかたちが動き出します．

この章のキーポイント

- パスカルの三角形は二項係数を三角形に並べたもので，この数値は足し算を繰り返すことで得られる
- 2 を法としてパスカルの三角形を表示すれば，シェルピンスキーのギャスケットと呼ばれるフラクタル図形が表れる
- セルオートマトンはセル（状態を持つマス目）が段階的に遷移するシステムである
- セルの状態は数値によって表され，その遷移は隣接するセルの状態から規則的に決まる
- セルオートマトンの挙動は初期状態と遷移ルールによって決まるが，それらは秩序的なものから混沌としたものまで様々なタイプがある

この章で使うプログラム

- Pascal: パスカルの三角形（数値の書き出し）
- ModPascal: パスカルの三角形（合同な数による可視化）
- CA1dim: 1 次元セルオートマトン
- StochCA: 確率的なセルオートマトン
- ElemCA: 基本セルオートマトン
- CA2dim: 2 次元セルオートマトン

7.1 パスカルの三角形

$x^2 + 1$ や $x + y$ など，定数や変数に足す・引く・かけるの操作を施した式を**多項式**と呼びます．例えば $(x+1) + (2x+3) = 3x + 4$ や $(x+1)x = x^2 + x$ のように，多項式どうしも足す・引く・かけるの演算を施すことができます．多項式 $x + y$ の 2 乗は，次のように展開することができます．

$$(x+y)^2 = x(x+y) + y(x+y) = x^2 + xy + yx + y^2$$
$$= x^2 + 2xy + y^2 \tag{7.1}$$

これを繰り返すと $x + y$ のべきも次のように展開することができます．

$$(x+y)^3 = x(x+y)^2 + y(x+y)^2 = x^3 + 2x^2y + xy^2 + yx^2 + 2xy^2 + y^3$$
$$= x^3 + 3x^2y + 3xy^2 + y^3 \tag{7.2}$$
$$(x+y)^4 = x(x+y)^3 + y(x+y)^3$$
$$= x^4 + 4x^3y + 6x^2y^2 + 4xy^3 + y^4 \tag{7.3}$$

$x + y$ のべきの係数に注目してみましょう．1 乗は $x + y$ で，x, y の各係数は $\{1, 1\}$ です．2 乗は式 (7.1) より，x^2, xy, y^2 の係数をとって $\{1, 2, 1\}$．3 乗, 4 乗は式 (7.2), (7.3) より，それぞれ $\{1, 3, 3, 1\}$, $\{1, 4, 6, 4, 1\}$ です．またどんな数も 0 乗すると 1 になるので，$(x+y)^0 = 1$ であり，係数は $\{1\}$ です．このことから，$x + y$ を 0 以上の整数 n によって n 乗すると，$n + 1$ 個の係数が表れます．この各係数を**二項係数**と呼び，二項係数を三角形状に並べて作った図 7.1 を**パスカルの三角形**と呼びます．

$$
\begin{array}{c}
1 \\
1 \quad 1 \\
1 \quad 2 \quad 1 \\
1 \quad 3 \quad 3 \quad 1 \\
1 \quad 4 \quad 6 \quad 4 \quad 1
\end{array}
$$

図 7.1 : 5 行目までのパスカルの三角形

7.1.1 二項係数の性質

$(x+y)^n$ を展開したとき，$0 \leqq k \leqq n$ に対して，$x^k y^{n-k}$ の係数を $\binom{n}{k}$ と書きます．すなわち $(x+y)^n$ を展開すると次のようになります．

$$(x+y)^n = \binom{n}{0} x^n + \binom{n}{1} x^{n-1}y + \cdots + \binom{n}{n-1} xy^{n-1} + \binom{n}{n} xy^n$$

一般に二項係数に関しては次の性質が成り立ちます．

二項係数の性質（パスカルの法則）

$1 \leqq k \leqq n-1$ に対して，
$$\binom{n}{k} = \binom{n-1}{k-1} + \binom{n-1}{k}$$

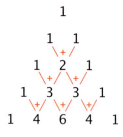

図 7.2：パスカルの法則

よってパスカルの三角形においては，横に隣り合う 2 つの数の和によって次の行の数が決まります(図 7.2)．この法則によって，逐次的に二項係数を決定することができます．二項係数を計算し，パスカルの三角形を描くプログラムを作ってみましょう．

コード 7.1：パスカルの三角形　　Pascal

```
int num = 8; // 計算する世代数の上限
int[] state = {1}; // 初期状態
int gen = 0; // 世代
void setup(){
  size(500, 500);
}
void draw(){
  if(gen < num){
    drawNumber(gen); // 数字を書く
    updateState(); // 状態を更新する
  }
}
```

パスカルの三角形は，上から下に向かって行ごとに計算を繰り返すことにより，その数が得られます．それぞれの行を左から右に向かって数を並べて配列を作りましょう．その数が配列の要素の「状態」を表していると考えれば，パスカルの三角形は時間経過とともに状態が更新され続けるシステムであると見なすことができます．三角形の最上部の {1} からなる配列 state を初期状態とし，これを第 0 世代としましょう．ここからパスカルの法則に従って状態を更新させると次の行 {1,1} が得られますが，これを第 1 世代と呼ぶことにします．ここである状態が次の状態に移ることは**遷移**と呼ばれます．パスカルの三角形は，初期状態から順に

遷移して得られる各世代を縦に並べたものなのです．drawNumber 関数（コード 7.2）では配列 state の要素である数を，左から右に書き並べます．

パスカルの三角形を書くアルゴリズム

1. 初期状態の設定
2. 数字を書く（drawNumber 関数）
3. 状態の更新（updateState 関数）
4. （世代数が上限に達しない限り）2 に戻る

図 7.3：パスカルの三角形の状態遷移

コード 7.2：数字を書く関数　　Pascal

```Pascal
void drawNumber(float y){
  float scalar = (float) width / num; // 数字の大きさ
  float x = (width - state.length * scalar) * 0.5; // 数字を書く位置のx座標
  y *= scalar;
  fill(0);
  for (int i = 0; i < state.length; i++){
    textSize(scalar * 0.5);
    text(state[i], x + scalar * 0.5, y + scalar * 0.5);
    x += scalar; // 数字を書く位置をx座標方向にずらす
  }
}
```

updateState関数（コード7.3）では次の世代の状態を計算し，state変数を更新します．

コード 7.3：状態を更新する関数　　Pascal

```Pascal
void updateState(){
  int[] BOUNDARY = {0};
  int[] nextState = new int[state.length + 1]; // 次の世代の状態
  state = splice(state, BOUNDARY, 0); // 配列の最初に境界値を加える
  state = splice(state, BOUNDARY, state.length); // 配列の最後に境界値を加える
  for (int i = 0; i < state.length - 1; i++){
    nextState[i] = transition(i); // 次世代の状態の計算
  }
  state = nextState; // 状態を更新
  gen++; // 世代を1つ増やす
}
```

コード 7.3 では配列の最初と最後の値 1 を計算するために，境界値として定数 BOUNDARY の 0 を付け加えて計算をしています．transition 関数（コード 7.4）では，パスカルの法則に従って隣り合う 2 つの数から次の数を計算します．

コード 7.4：遷移の計算をする関数　　Pascal

```pascal
int transition(int i){
  int nextC = state[i + 1] + state[i]; // パスカルの法則に従った計算
  return nextC;
}
```

7.1.2　合同な二項係数

二項係数は組み合わせの数とも一致することが知られています．$\binom{n}{k}$ は n 個の異なるものから，k 個のものを選ぶ組み合わせと一致します．つまり，以下の等式が成り立ちます．

$$\binom{n}{k} = \frac{n!}{k!(n-k)!}$$

ここで $n!$ は n 以下の自然数すべての積 $n \times (n-1) \times \cdots \times 2 \times 1$ であり，n の**階乗**と呼ばれます．一般に階乗は急激に増大するため，n が大きくなると二項係数も急激に増大します．例えば $\binom{100}{50}$ は 30 桁の数であり，この数字を表示するのは大変です．

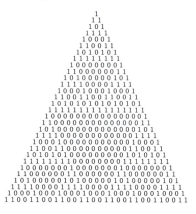

図 7.4：2 を法としたパスカルの三角形

前章で学んだ合同関係を使えば，合同な数の代表元によってパスカルの三角形を表すことができます．コード 7.4 の 2 行目において，状態を表す数値に %2 を付ければ，2 を法としたパスカルの三角形（図 7.4）を作れます．

図 7.4 を見ると，0 と 1 の表れるパターンに法則性が見えます．色彩によってこれを可視化してみましょう．コード 7.1 で drawNumber 関数を呼び出していた箇所を，次の drawCell 関数（コード 7.5）呼び出しに書き換えます．ここで**セル**とは何らかの状態を持ったマス目を意味します．

コード 7.5：セルを描画する関数　　ModPascal

```
1  void drawCell(float y){
2    float scalar = (float) width / num; // セルの大きさ
3    float x = (width - state.length * scalar) * 0.5; // セルのx座標
4    y *= scalar;
5    noStroke();
6    for (int i = 0; i < state.length; i++){
7      fill(state[i] * 1.0 / mod, state[i] * 1.0 / mod, 1); // 色相にセルの状態を割り当て
8      rect(x, y, scalar, scalar); // セルの描画
9      x += scalar; // x座標方向にセルをずらす
10   }
11 }
```

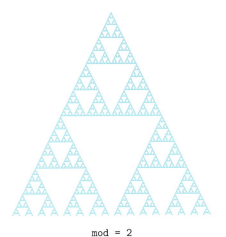

mod = 2

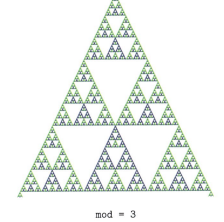

mod = 3

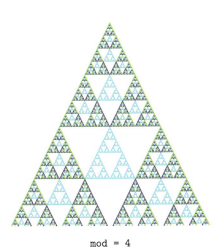

mod = 4

mod = 5

図 7.5：mod を法としたパスカルの三角形（ModPascal：num = 250）

■ シェルピンスキーのギャスケット

合同な数によるパスカルの三角形（図7.5）には，三角形の中に三角形があり，その中にまた三角形があり，...と続く繰り返し構造，つまり再帰性が見られます．図7.6の再帰的な三角形分割ルールによって描かれる図形は，**シェルピンスキーのギャスケット**と呼ばれます．自己相似性や再帰性を持つ図形をしばしば**フラクタル図形**と呼びますが，シェルピンスキーのギャスケットはよく知られたフラクタル図形の一つです．2を法としたパスカルの三角形はシェルピンスキーのギャスケットを近似しており，描画回数を増やすと限りなくこれに近づきます．

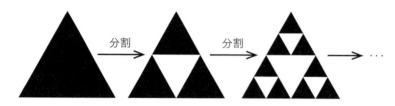

図7.6：シェルピンスキーのギャスケットの再帰性ルール

課題 * 7.1 図7.6の三角形分割ルールに従って，シェルピンスキーのギャスケットを描画するプログラムを作れ．

7.2 1次元セルオートマトン

2を法としたパスカルの三角形は，代表元が $0, 1$ の2つしかないため，セルの遷移ルールは図7.7の4パターンに限られます．このように格子状に並べられたセルが，隣接するセルに従って遷移するシステムを**セルオートマトン**と呼びます．パスカルの三角形は各世代が1方向に並んだセルであるため，**1次元**と呼びます．

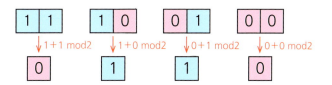

図 7.7：2 を法としたパスカルの三角形におけるセルの遷移ルール

　初期値と漸化式から数列が決まったように，セルオートマトンは初期状態と遷移ルールによってその挙動が決まります．パスカルの三角形では隣接する 2 つのセルに対し，次の世代のセルが決まりましたが，これを隣接する 3 つのセルから決まるように拡張してみましょう．つまり，図 7.8 のようなルールに従って遷移させるとどうなるでしょうか．これをコーディングするために，ModPascal の `updateState` 関数と `transition` 関数をコード 7.6，コード 7.7 に書き換えます．

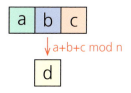

図 7.8：3 つのセルから決まる遷移

コード 7.6：セルの状態を更新する関数　　CA1dim

```
1  void updateState(){
2    int[] BOUNDARY = {0, 0};
3    int[] nextState = new int[state.length + 2]; // 次の世代の状態
4    state = splice(state, BOUNDARY, 0); // 配列の最初に境界値を加える
5    state = splice(state, BOUNDARY, state.length); // 配列の最後に境界値を加える
6    for (int i = 1; i < state.length - 1; i++){
7      nextState[i-1] = transition(state[i - 1], state[i], state[i + 1]); // 次世代のセルの状態の計算
8    }
9    state = nextState; // セルの状態を更新
10   gen++; // 世代を 1 つ増やす
11 }
```

「本当」の 1 次元セルオートマトンには，境界のセルはありません．なぜなら境界があれば，境界の部分では次世代のセルが計算できないからです．もちろんコーディングで無限個の要素を持つ配列は作れないため，それをうまくごまかす必要があります．ここでは「境界」より外のセルの状態はすべて 0 であるとし，その部分は計算せずに 0 としています．コード 7.6 では 3 つのセルから次のセルを計算するため，境界値の定数 BOUNDARY は 0 が 2 つの配列としています．

コード 7.7：遷移の計算をする関数　　CA1dim

```
1  int transition(int a, int b, int c){
2    int d = a + b + c; // 遷移ルールに従って計算
3    d = d % mod;
4    return d;
5  }
```

図 7.9 を見ると，パスカルの三角形と同様に自己相似性を持った図形が表れることが分かります．コード 7.7 において，遷移ルールは d = a + b + c で定義されていましたが，この式を変えるとかたちも変わります．図 7.10 は d の式を変えて描画した結果です．ルールによって描画されるかたちが異なることが分かります．

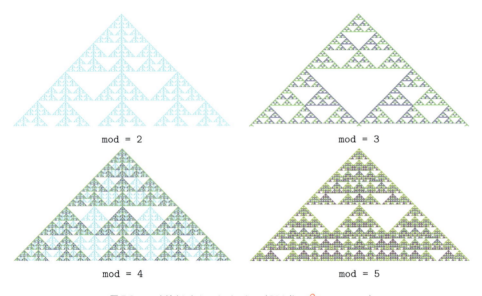

図 7.9：mod を法としたセルオートマトン（CA1dim：num = 250）

図 7.10：異なる遷移ルールによるセルオートマトン（CA1dim🖱：num = 250, mod = 2）

7.2.1 確率的セルオートマトン

セルオートマトンは細胞の状態変化のような挙動を示しますが，実際の自然現象における状態変化は一定ではなく，偶発的な突然変異によって挙動が変わることも起こりえます．こういった偶発性をセルオートマトンにプログラムしてみましょう．CA1dim の transition 関数をコード 7.8 に書き換えます．

コード 7.8：確率的に遷移ルールを決定し計算する関数　　StochCA

```
1  int transition(int a, int b, int c){
2    int d;
3    if (random(1) < 0.999){
4      d = a + b + c; //99.9% の確率でこのルールを選択
5    } else {
6      d = a + c; //0.1% の確率でこのルールを選択
7    }
8    d = d % mod;
9    return d;
10 }
```

コード 7.8 では遷移をする際，ランダムに数を選び，その値に応じてルールを決定しています．つまり計算の際に毎回（仮想的に）サイコロを振り，その目によってルールを決定しています．

d = a + b + c をルール A, d = a + c をルール B としたとき，99.9% の確率でルール A, 0.1% の確率でルール B を選択して描画した結果が図 7.11 です．0.1% の確率というのは，10 回コイン投げをして 10 回表が出るくらいの，日常生活では滅多に起こらないような確率です．つまりほとんどはルール A に従うので，この描画結果はルール A（図 7.9）とほぼ同じになるのではないかと思われますが，この 2 つの絵はまったく異なります．実際，図 7.11 では最初の方の世代はルール A にほぼ一致していますが，途中からそれが崩れています．ルール B を選択する確率をさらに低くしても，やはり途中でかたちが崩れてしまいます．

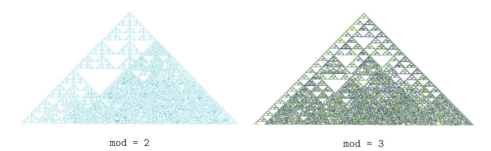

図 7.11：99.9% の確率でルール A, 0.1% の確率でルール B を選ぶセルオートマトン（StochCA）

セルオートマトンはかたちを生成するルール自体は簡単なものの，実は時間発展に伴うふるまいは非常に複雑です．このプログラムでは初期値を 1 点とする時間発展を見ましたが，初期値を少し変えたり，途中にノイズを加えるだけで全体のかたちは大きく変わります．またルール設定により，かたちの秩序・無秩序は大きく異なります．

7.2.2 基本セルオートマトン

セルオートマトンの最も簡単なものは，2 を法とした場合のような，セルの状態が 0 か 1 の 2 通りしかないものです．この場合について，3 つの隣接するセルから遷移が決まるセルオートマトンを**基本セルオートマトン**と呼びます．基本セルオートマトンにおいて 3 つのセルの状態は全部で $2^3 = 8$ 通りあります．これらに対応するセルの状態を決めれば，遷移ルールが定まります（図 7.12）．ゆえにこのルールは 0 か 1 を 8 個並べる並べ方によって決まるため，全部で $2^8 = 256$ 通りのルールがあります．

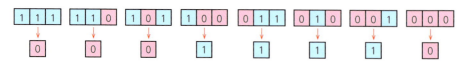

図 7.12：基本セルオートマトンのルール {0, 0, 0, 1, 1, 1, 1, 0}

CA1dim の transition 関数（コード 7.7）をコード 7.9 に書き換えて，0 と 1 の配列からルールを作り，プログラムを動かしてみましょう．

コード 7.9：基本セルオートマトンの遷移の計算をする関数　　ElemCA

```
1   //8 個の 01 要素からなる配列 rule に対して，遷移ルールを決定する
2   int transition(int a, int b, int c){
3       int d;
4       //abc を 10 進数に置き換える
5       int ruleInt = int(a * pow(2, 2) + b * pow(2, 1) + c * pow(2, 0));
6       d = rule[7 - ruleInt];
7       return d;
8   }
```

例えば，d = (a + b + c) % 2 から決まるルール（図 7.9：mod = 2）は，{1,0,0,1,0,1,1,0}に対応していることが確かめられます．256 通りのルールによる基本セルオートマトンの各挙動は，数式処理システム Mathematica の開発者としても有名なスティーブン・ウルフラムによって詳細に調べられています．とくに注目すべきルールは図 7.13 の 2 つです．それぞれ 2 進数表示を 10 進数に変換し，ルール 30・ルール 110 と呼ばれています．

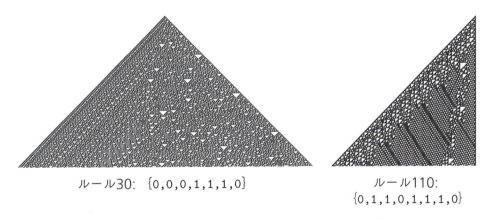

ルール30: {0,0,0,1,1,1,0}　　　　ルール110: {0,1,1,0,1,1,1,0}

図 7.13：複雑なパターンを生み出す基本セルオートマトン（ElemCA）

図 7.13 において，ルール 30 は規則性を見出すのが困難な無秩序なパターンを生み出しています．このような予測不能な無秩序状態はカオスと呼ばれます．一方，ルール 110 はカオス的なパターンを含みつつも，部分的には規則性が見い出されます．こういった秩序とカオスの狭間にある状態はカオスの縁とも呼ばれ，不思議な深い挙動を示すことが知られています．

課題 7.2　図 7.10 のそれぞれの遷移ルールを 2 進法で表せ．

課題* 7.3　基本セルオートマトンと同じ設定の上でセルの状態が 3 つある場合，ルールは何通りあるだろうか？

> **註 16**［線形・非線形］ルール自体は単純であっても，それを反復して何回も繰り返すとカオス的な振る舞いを示すことはしばしば起こります．例えば $0 < a < 4$ をパラメータとして，ロジスティック写像と呼ばれる実数上の関数 $f(x) = ax(1-x)$ を考えます．初期値 $0 < x_0 < 1$ を適当に取り，$x_1 = f(x_0)$, $x_2 = f(x_1) = f(f(x_0)), \cdots$ と f を複数回合成し，$x_n = f(x_{n-1})$ によって得られる数列の挙動を計算してみましょう．
>
> これは生物の個体数変化を表す数理モデルとして提案されたもので，a の値によってその挙動は異なります．a がある値以下だとこの数列は収束しますが，ある値を超えると振動し，さらにある値を超えるとカオス的に振る舞います（プログラミングでその挙動を観察してみましょう）．f が1次式の場合は線形写像と呼ばれ，その挙動は線形代数によって把握できますが，そうでない場合はロジスティック写像のような簡単な関数でも非常に難しいことが知られています．多くの自然現象の数理モデルは非線形であり，自然の複雑さはその非線形性と関係しています．

7.3　2次元セルオートマトン

前節でみた1次元セルオートマトンは1行に並べられたセルの時間発展を表したものでした．これに対し，縦横2つの方向に並べたセルに関するセルオートマトンは，**2次元セルオートマトン**と呼ばれます．「隣接するセルから中央のセルが決まる」という仕組み自体は同じですが，2次元の場合は上・下方向にも隣接するセルがあります．前章で導入した合同式を使ってルールを定めてみましょう．例えば，図 7.14 のように隣接するセルの値の和によって遷移ルールを決め，2次元セルオートマトンをプログラムします．このようにセルの状態の和から決まる遷移ルールは**総和則**とも呼ばれます．

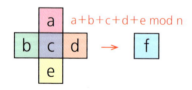

図 7.14：2次元セルオートマトンの遷移ルール

7.3.1 行列

1次元セルオートマトンのコーディングでは，真ん中のいくつかのセル以外はすべて0とし，0の部分の計算は省略していました．2次元の場合もこのように境界部分をうまく「ごまかす」必要があります．ここでは合同関係を使って，計算するセルの量を一定に保つようにしましょう．

簡単のため，4×4 のセルを考えます．数学では横の並びを**行**，縦の並びを**列**と呼びます．上から順に行番号，左から順に列番号を振っていけば，何行何列目にあるかによってセルの位置を指定することができます．i 行 j 列目にあるセルを (i, j) のセルとし，(i, j) のセルの状態を $x_{i,j}$ と書くことにしましょう．

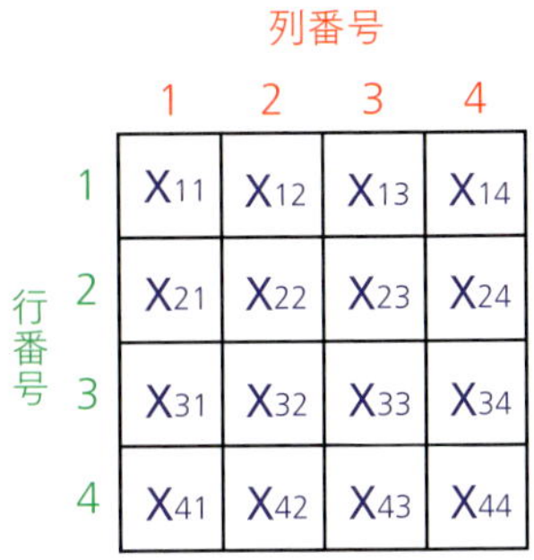

図 7.15: 4×4 のセルとその状態

いま図 7.15 の中央付近にある4つのセルに対しては，図 7.14 のように上下左右に隣接するセルを選ぶことができますが，端にあるセルに対しては隣接するセルが存在しません．ここで4を法とした数を思い出しましょう．4を法としたとき，1から4の代表元を選べば，4の次は1（つまり1の前は4）でした．セルの行番号・列番号に対してもこの数を使い，4列目の次は1列目，4行目の次は1行目としましょう．すると端のセルに対しても，図 7.16 のように隣接するセルを選ぶことができます．これによってセルオートマトンを考えれば，16個のセルの状態から遷移を計算することができます．

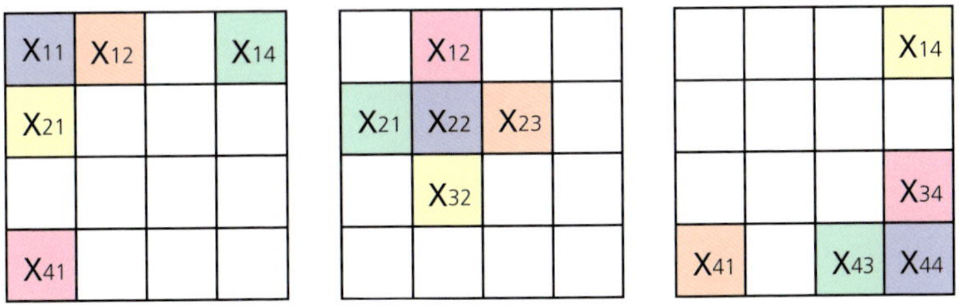

図 7.16: $(1, 1), (2, 2), (4, 4)$ に隣接するセル

数値の集まりをうまく扱うために，行列を導入しましょう．

> **行列**
>
> p 行 q 列の数の集まりを $p \times q$ 行列 ($matrix$) と呼び，次のように書く．
>
> $$\begin{pmatrix} x_{1,1} & \cdots & x_{1,q} \\ \vdots & \ddots & \vdots \\ x_{p,1} & \cdots & x_{p,q} \end{pmatrix}$$
>
> 行列の i 行 j 列目を構成する数 $x_{i,j}$ は，行列の (i, j) 成分と呼ぶ．

$p \times q$ 行列が与えられたとき，$a \equiv c \pmod{p}$，$b \equiv d \pmod{q}$ ならば，$x_{a,b} = x_{c,d}$ となるように，すべての整数 i, j に対し $x_{i,j}$ を決めます．このとき，(i, j) のセルの遷移ルールを

$$x_{i-1,j} + x_{i,j-1} + x_{i,j} + x_{i,j+1} + x_{i+1,j} \mod n$$

と定めます．この2次元セルオートマトンをコーディングしてみましょう．

コード 7.10：2次元セルオートマトン　CA2dim

```
int num = 250; // 行と列の長さ
int mod = 4; // 法とする数
int[][] state = new int[num][num]; // セルの状態を表す行列
void setup(){
  size(500, 500);
  colorMode(HSB, 1);
  initialize(); // 初期化する
}
void draw(){
  drawCell();
  updateState();
}
```

コード 7.10 の 3 行目の int[][] 型変数 state は配列の配列です．各 i,j に対して state[i][j] を (i, j) 成分と考えれば，state は行列であると考えることができます．まず initialize 関数（コード 7.11）を使って state を初期化します．

コード 7.11：初期状態にする関数　CA2dim

```
1  void initialize(){
2    for (int i = 0; i < num; i++){
3      for (int j = 0; j < num; j++){
4        if (i == num / 2 && j == num / 2){
5          state[i][j] = 1; // 真ん中の成分のみ1
6        } else {
7          state[i][j] = 0;
8        }
9      }
10   }
11 }
```

次に updateState 関数（コード 7.12）によって state を更新します．これを繰り返して描画します．

コード 7.12：状態を更新する関数　CA2dim

```
1  void updateState(){
2    int[][] nextState = new int[num][num]; // 次世代の状態
3    for (int i = 0; i < num; i++){
4      for (int j = 0; j < num; j++){
5        nextState[i][j] = transition(i, j); // 遷移
6      }
7    }
8    state = nextState; // 更新
9  }
```

コード 7.13：遷移の計算をする関数　CA2dim

```
1  int transition(int i, int j){
2    int nextC;
3    nextC = state[(i - 1 + num) % num][j] // 上のセル
4      + state[i][(j - 1 + num) % num] // 左のセル
5      + state[i][j] // 中央のセル
6      + state[i][(j + 1) % num] // 右のセル
7      + state[(i + 1) % num][j]; // 下のセル
8    nextC = nextC % mod;
9    return nextC;
10 }
```

課題＊＊7.4　有名な2次元セルオートマトンにライフゲームがある．ライフゲームの遷移ルールを調べてプログラミングし，それがどのように振舞うか考察せよ．

図 7.17：2 次元セルオートマトン（CA2dim : mod = 6）

図7.18：2次元セルオートマトン（CA2dim 🖱 : mod = 7）

作品事例：3Dグラフィックス

本書では平面グラフィックスしか扱えませんでしたが、Processingでは3Dグラフィックスにも対応しています。また他の3D CADソフトウェアを使えば、ゲームや映像、ファブリケーションなど様々なメディアでジェネラティブアートを展開することができます。ここでは著者が作成した3Dでの作例を紹介します。

Processingによる3Dグラフィックス

3Dグラフィックスでは縦・横・高さの3つの軸がある空間の中にかたちを作ります。
しかしディスプレイ画面は平面ですから、
それを表示するためにはかたちを平面に切り取るための「カメラ」が必要になります。
平面と3Dの大きな違いは、このカメラ設定によってかたちの見え方が大きく異なることです。

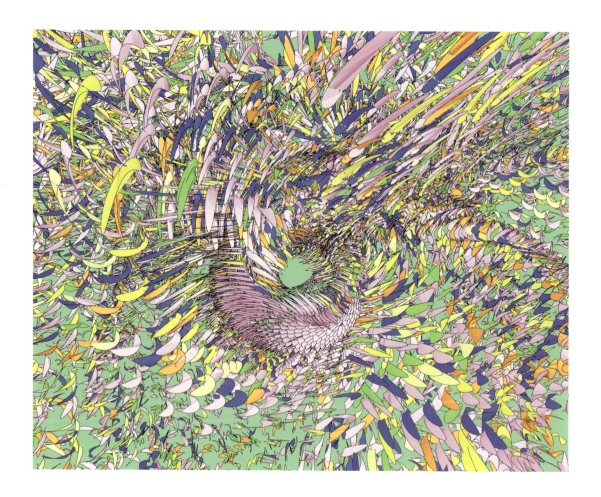

この絵では、曲面上にベジエ曲線で作った閉曲線を配置し、それを連続的に変形しています。各閉曲線の内部の配色はセルオートマトンによって決定されています。光源を配置することで、陰影処理（シェーディング）を行っています。（サイエンス社「数理科学」2016年8月号表紙）

パラメータ変化によって得られるバリエーション

形状変化によって得られるバリエーション

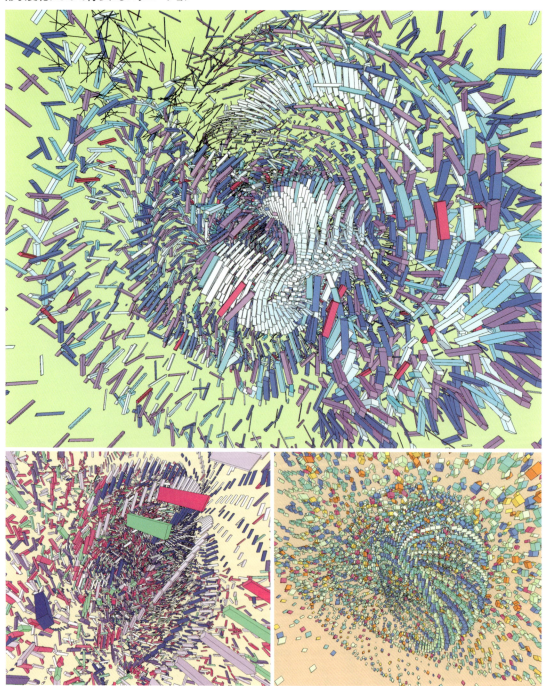

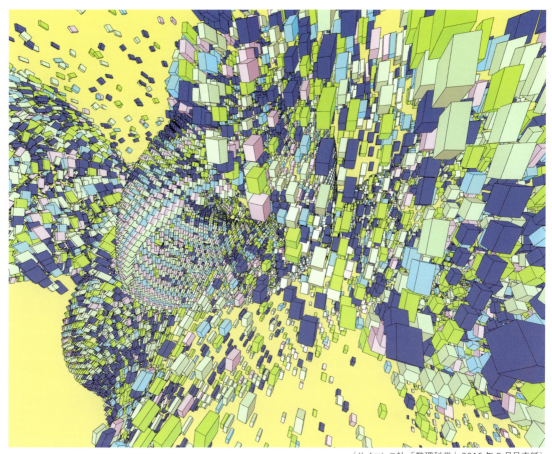

(サイエンス社「数理科学」2016年9月号表紙)

フォトリアリスティック・レンダリング

私たちの目で見える風景は光の反射によってできています。
周りにある様々な物質に光が当たり、それが反射・屈折を繰り返して目の網膜に入り込むことで、
私たちはものを見ています。こういった光の動向に関する計算を行い、目で見える風景を
コンピュータで疑似的に再現する描画をフォトリアリスティック・レンダリングと呼びます。
これを使えば、写真で撮影したかのようなリアルな画像を作ることができます。

Processing のライブラリ joons-renderer を使ったフォトリアリスティック・レンダリング

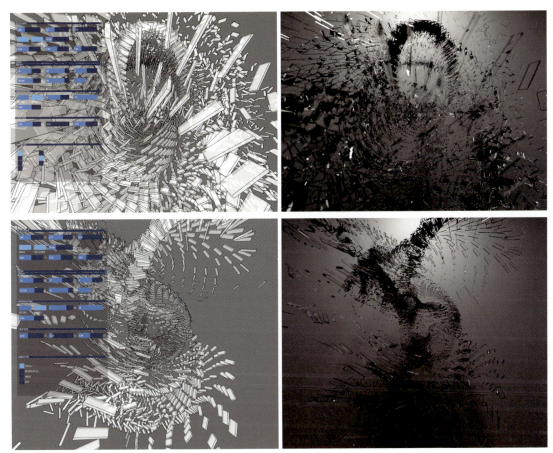

Processing のライブラリ controlP5 による GUI

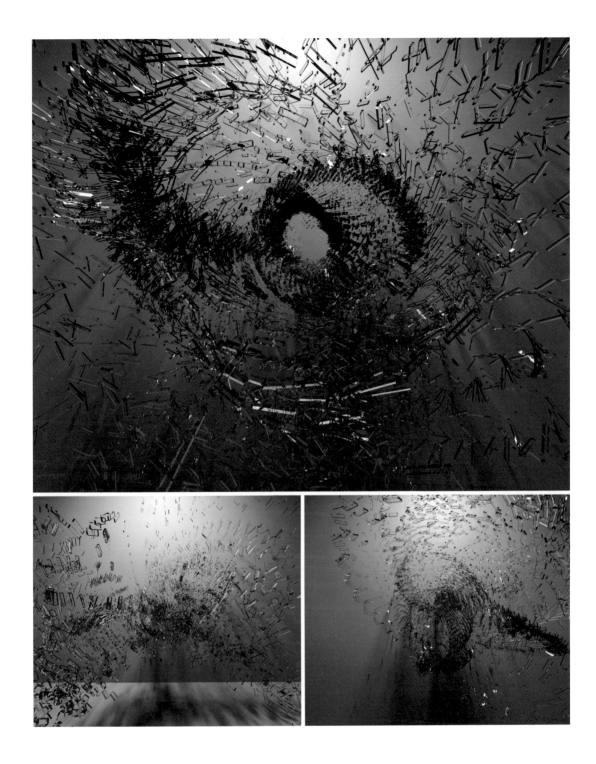

デジタルファブリケーション

コンピュータ上のデータを 3D プリンタやレーザーカッターなどによって
実物のものとして作る技術を、デジタルファブリケーションといいます。
この技術により、コンピュータグラフィックスを様々な素材の上で展開することができ、
作品の表現の幅を広げることができます。

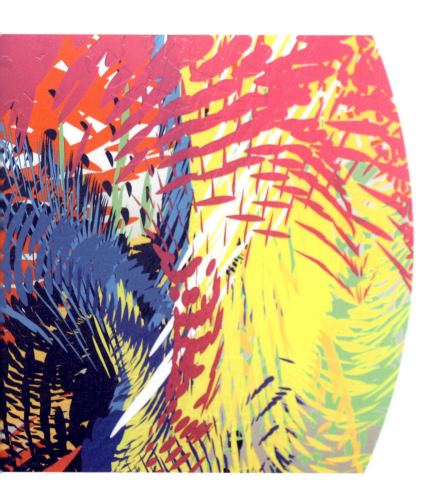

Processing で作成したグラフィックスを色別のレイヤーに分け、プロッタを使ってマーキングフィルムに切り出し、支持体に貼り合わせた作品 (Takashi Somemiya Gallery での展示風景)

"生態系 3"（2016）1000mm × 803mm, アクリル塗装板にマーキングフィルム

"生態系 1"（2016）φ600mm, ステンレス板にマーキングフィルム

"生態系 5"（2016）φ600mm, アルミ板にマーキングフィルム

左頁 "生態系 2"（2016）420mm×800mm, アルミ板にマーキングフィルム
上 "空間"（2016）φ300mm, 金属板にマーキングフィルム

Rhinocerosによる3Dグラフィックス

建築では、そのデザイン設計にCADソフトウェアが使われますが、
とくにプログラミングを使った造形手法はアルゴリズミックデザインとも呼ばれます。
Rhinocerosはアルゴリズミックデザインのツールとして有名なソフトウェアであり、
Processingよりもさらに高度な3D造形機能、およびデータ入出力に対応しています。

クラインの壺（8の字型）（サイエンス社「数理科学」2017年1月号表紙）

微分方程式を使ったメッシュの変形(サイエンス社「数理科学」2017年5月号表紙)

Reeb 葉層(サイエンス社「数理科学」2017 年 6 月号表紙)

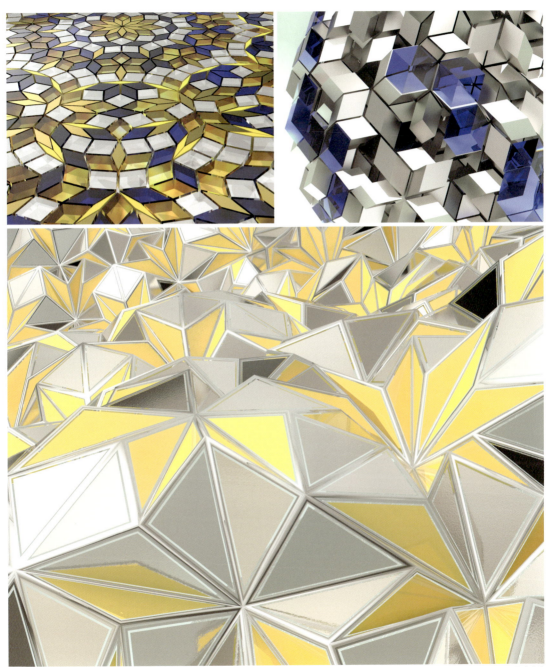

準周期タイリングのバリエーション(サイエンス社「数理科学」2017年7/8/11月号表紙)

第 II 部

タイリング
対称性・周期性・双対性・再帰性がつくるかたち

かたちの長さや大きさを測るとき，私たちは計測器を使ってそれを数に置き換えます．数という指標を見ることで，私たちはそのかたちがどういったものかを理解することができます．同様にかたちの対称性や周期性といった性質を「測る」ときに使う指標が群です．群は数の足し算やかけ算の体系を抽象化した構造ですが，これによってかたちの性質を理解することができます．この部では群に焦点を当て，それが生み出すかたちについて考えます．

第 8 章 行列の織りなす模様

　プログラミングやファブリケーションというと，私たちは普通コンピュータで何かを行うことをイメージしますが，それらはコンピュータ登場以前から日常の身近な場面で行われてきました．例えば衣服で使われている布は，日常でそれがプログラミングと関係していると意識する場面はほとんどありませんが，その織りは組織図と呼ばれるコードから作られています．さらに組織図は行列と関係しています．この章では織りの組織図の背景にある数理について考えます[*1]．

この章のキーポイント

- 布地の織りは組織図と呼ばれる織りの設計図からできている
- 組織図上では「綜絖(そうこう)」「タイアップ」「踏み木」から模様が決まるが，これは行列とその操作を考えることと等しい
- 織りの模様の対称性は，対応する行列の対称性と関係している
- 模様の最小パターン（完全組織）を反復させることで，周期性のある模様が生まれる
- 模様を変化させない合同変換の集まりは群と呼ばれる構造を持つ

この章で使うプログラム

- MatrixCalculator: 行列の積と転置を計算
- TextileGenerator: 組織図の生成
- TextileRepeater: 対称性・周期性のある模様をランダムに生成

[*1] 本章第 1 節は織り機の仕組みと組織図について，第 2 節以降にその数理について扱います．織り機については，実物を動かさなければイメージが湧かない部分もあるかもしれませんが，その場合は第 1 節は飛ばして読んでも，第 2 節以降の議論には影響を与えません．

8.1 織り

画像 8.1 はギンガムチェック柄の布です．この布を目に近づけてよく見てみると，白と赤の糸が絡み合ってできていることが分かります．チェックの 3 段階のトーンは，この 2 種類の糸の絡み合い具合によって表されています．糸は 2 方向を走っていますが，これらはそれぞれ**タテ糸**・**ヨコ糸**と呼ばれています[*2]．布はタテ糸・ヨコ糸の色とその絡み合い方から柄が決まります．

拡大

画像 8.1：ギンガムチェック柄の布地

「織る」というのは，糸を絡み合わせて布を作ることです．今でこそ安価に衣服が手に入りますが，その素材である布をよく見ると，いかに緻密に糸が絡み合ってできているかが分かるでしょう．布と人類はとても長い付き合いがあり，その歴史の中で織り技術は進化してきました．布を織るための装置を**織り機**と呼びますが，織り機の発達が布の品質向上と大量生産化をもたらしたのです．

現在販売されている衣料は，そのほぼ全ての布地が工業機械によって作られていますが，織りが工業化する以前は木製の織り機と人の手によって布が織られていました．画像 8.2 はろくろ式手織り機と呼ばれる織り機です．この織り機は，綜絖と呼ばれるタテ糸を通した部分が足元の踏み木とつながっており，踏み木を踏むと連動して綜絖が開くようになっています．踏み木を踏んでできたタテ糸の隙間にヨコ糸を通し，糸の絡み合いを作ります．

[*2] タテ糸・ヨコ糸のタテ・ヨコは，「縦・横」ではなく「経・緯」です．この本ではこれをカタカナで書きます．

ここで織りのデザインを作るポイントは，次の 3 点です．

A　どの綜絖にどのタテ糸を通すのか？
B　どの綜絖にどの踏み木をつなげるのか？
C　どの踏み木をどういった順序で踏むか？

この 3 つのデータによって，布の模様を生み出しています．

綜絖と踏み木

画像 8.2：ろくろ式手織り機

8.1.1　組織図

織り機で布を織るための設計図となるのが**組織図**です．画像 8.1 の布の組織図が図 8.1 です．組織図はマス目の塗りつぶしからできており，それは図 8.1 のように A,B,C,P の 4 つの部分からなっています．A,B,C はそれぞれ上に挙げた綜絖や踏み木のデータに対応しており，P がその結果できた布の模様を表しています．P において縦方向に走る糸がタテ糸で，横方向に走る糸がヨコ糸です．布はタテ糸とヨコ糸の二層構造ですが，上に浮いている糸の色によってマス目を塗りつぶしています．

組織図の P の部分が最終的に完成する布の模式図なので，P をどのようにデザインするかが織りの見せ所です．ただし P はどんな模様でも織れるわけではなく，A,B,C の配列，およびタテ糸・ヨコ糸の色から規則的に決定されます．つまり織りのデザインは，**A,B,C の配列とタテ糸・ヨコ糸の配色を考える**ことによってなされます．

組織図の読み方，規則性について簡単に見てみましょう．まず A,B,C の配列を決めますが，A の列数，C の行数には踏み木と綜絖の数による制限があります．例えば画像 8.2 の織り機は，踏み木が 6 本，綜絖が 4 枚あるので，A の列数は最大 6，C の行数は最大 4 です．A の塗りつぶし箇所，および C の数字は，それぞれ踏み木の踏み位置と綜絖の番号に対応しています．また踏み木は同時に踏めるのは 1 本であり，タテ糸 1 本がそれぞれ 1 枚の綜絖に通っているため，A の行，C の列にはそれぞれ 1 つの塗りつぶし，数字が入ります．

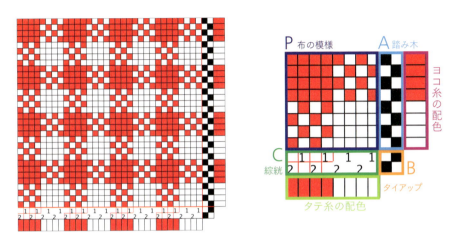

図 8.1：画像 8.1 の織りの組織図

組織図の B はタイアップと呼ばれ，踏み木と綜絖のつなげ方を指示します．図 8.2 の組織図では，右の踏み木を踏むと 1 の綜絖が下がり，左の踏み木を踏むと 2 の綜絖が下がります．下がった綜絖と下がっていない綜絖の隙間にヨコ糸を通すため，綜絖が下がっていればヨコ糸が，下がっていなければタテ糸が表に浮き上がります．P は表に出ている方の糸の色によってマス目を塗りつぶしています．つまり初期状態でマスはタテ糸の色によって塗りつぶされており，A,B,C を設定することによってヨコ糸の色が表れます．

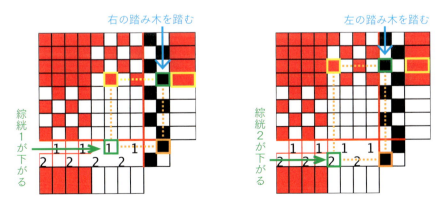

図 8.2：組織図においてタテ糸が沈みヨコ糸が浮く仕組み

第 8 章 行列の織りなす模様 ｜ 183

■ 様々な織りによる模様

　組織図の規則に基づいた上で，A,B,Cの配列，およびタテ糸・ヨコ糸の配色により織りをデザインしてみましょう．図 8.1 は平織りと呼ばれる最も基本的な組織図であり，ギンガムチェック柄以外にもワイシャツなど多くの衣服の布地に使われています．綜絖と踏み木の数を増やせば，さらに模様のバリエーションを増やすことができます．例えば，図 8.3，図 8.4 のような斜めに柄が出る織りは綾織りと呼ばれ，千鳥格子柄やタータンチェック柄に使われています．

 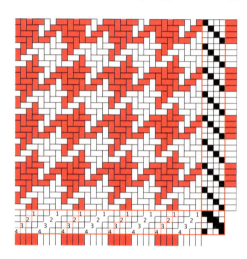

図 8.3：綾織り（千鳥格子）とその組織図

 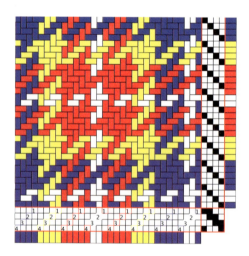

図 8.4：綾織り（チェック柄）とその組織図

図 8.5 のように，同じタイアップであっても綜絖と踏み方を少し変えるだけで，様々な模様のバリエーションを作ることができます．図 8.6 のような織りはシャドウ・ウィービングと呼ばれ，チェック柄以外の模様を出すことができます．織りの組織によって布の強度や質感が変わります．

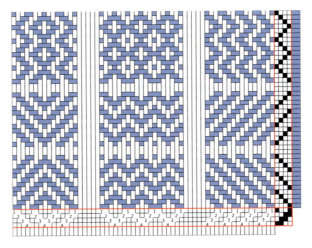

図 8.5：綾織りのバリエーション

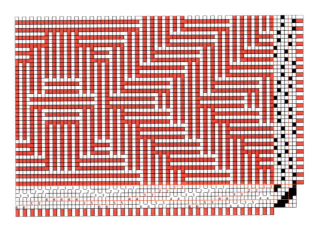

図 8.6：シャドウ・ウィービング

8.2　行列

織りの組織図は，実は行列と深く関係しています．行列は数そのものではなく「数の集まり」ですが，数と行列は共通する性質を持っています．この行列の性質によって組織図を理解してみましょう．

8.2.1　行列の操作

■ 行列のかけ算

行列どうしは，数と同じように足し算・引き算・かけ算の演算を行うことができます．例えば 2×2 行列の場合，

$$A = \begin{pmatrix} a_{11} & a_{12} \\ a_{21} & a_{22} \end{pmatrix}, \quad B = \begin{pmatrix} b_{11} & b_{12} \\ b_{21} & b_{22} \end{pmatrix}$$

に対して，その足し算・引き算，かけ算は

$$A \pm B = \begin{pmatrix} a_{11} \pm b_{11} & a_{12} \pm b_{12} \\ a_{21} \pm b_{21} & a_{22} \pm b_{22} \end{pmatrix}, \quad AB = \begin{pmatrix} a_{11}b_{11} + a_{12}b_{21} & a_{11}b_{12} + a_{12}b_{22} \\ a_{21}b_{11} + a_{22}b_{21} & a_{21}b_{12} + a_{22}b_{22} \end{pmatrix}$$

で計算されます．かけ算は足し算・引き算に比べてやや複雑であることに注意してください[*3]．一般に $n \times m$ 行列どうしは，各要素どうしの足し算・引き算で計算できますが，かけ算ができるとは限りません．n と m が異なる，つまり行列の縦・横サイズが異なる場合はかけ算ができません．**行列 A, B は A の列数と B の行数が同じ場合にのみかけ算ができます．**

行列のかけ算

$n \times m$ 行列 A と $m \times \ell$ 行列 B を

$$A = \begin{pmatrix} a_{11} & \cdots & a_{1m} \\ \vdots & \ddots & \vdots \\ a_{n1} & \cdots & a_{nm} \end{pmatrix}, \quad B = \begin{pmatrix} b_{11} & \cdots & a_{1\ell} \\ \vdots & \ddots & \vdots \\ a_{m1} & \cdots & a_{m\ell} \end{pmatrix}$$

とすると，その積 AB は $n \times \ell$ 行列であり，その (i, j) 要素は

$$a_{i1}b_{1j} + a_{i2}b_{2j} + \cdots + a_{im}b_{mj} = \sum_{1 \leq k \leq m} a_{ik}b_{kj}$$

具体的に計算してみると次のようになります．

$$\begin{pmatrix} 2 & 1 \\ 0 & 1 \end{pmatrix} \begin{pmatrix} 3 \\ 1 \end{pmatrix} = \begin{pmatrix} 2 \times 3 + 1 \times 1 \\ 0 \times 3 + 1 \times 1 \end{pmatrix} = \begin{pmatrix} 7 \\ 1 \end{pmatrix}$$

[*3] ベクトル空間（註11）上の線形変換を数の配列によって表したものが行列であり，変換の合成が行列のかけ算に対応しています．そのため，このような変わったかけ算をする必要があります．

■ 行列の転置

行列の行と列をひっくり返す，つまり $n \times m$ 行列の (i,j) 要素を (j,i) 要素にすることによって $m \times n$ 行列に変換する操作を**転置**と呼びます．行列 A を転置した行列を ${}^tA$ と書きます．具体的には次のようになります．

$${}^t\begin{pmatrix} 2 & 1 \\ 0 & 1 \end{pmatrix} = \begin{pmatrix} 2 & 0 \\ 1 & 1 \end{pmatrix}, \quad {}^t\begin{pmatrix} 3 \\ 1 \end{pmatrix} = \begin{pmatrix} 3 & 1 \end{pmatrix}, \quad {}^t\begin{pmatrix} 0 & 1 \\ 2 & 1 \\ 1 & 2 \end{pmatrix} = \begin{pmatrix} 0 & 2 & 1 \\ 1 & 1 & 2 \end{pmatrix}$$

また $n \times n$ 行列 A が $A = {}^tA$ を満たすとき，A を**対称行列**と呼びます．

課題 8.1 A, B を 2×2 行列とするとき，次が正しいかどうか答えよ．

(1) $AB = BA$ (2) ${}^t(AB) = {}^tA\,{}^tB$ (3) ${}^t(AB) = {}^tB\,{}^tA$
(4) A, B が対称行列ならば $AB = {}^t(BA)$

■ プログラミング

行列のかけ算と転置の操作をコーディングしてみましょう．

コード 8.1：行列の計算　　MatrixCalculator

```
int[][] mtxA = {{2, 1}, {0, 1}}; // 行列 A
int[][] mtxB = {{3}, {1}}; // 行列 B
void setup(){
  int[][] mtx = multMtx(mtxA, mtxB); // 行列 A と B の積
  println("mult:");
  for(int i = 0; i < mtx.length; i++){
    println("row:" + i);
    printArray(mtx[i]); //i 行の配列を表示
  }
  mtx = trMtx(mtxA); // 行列 A の転置
  println("transpose:");
  for(int i = 0; i < mtx.length; i++){
    println("row:" + i);
    printArray(mtx[i]); //i 行の配列を表示
  }
}
```

行列を配列の配列で表す場合，行列の各行の要素からなる配列を作り，その配列を並べます．コード 8.1 で `mtxA` は $\begin{pmatrix} 2 & 1 \\ 0 & 1 \end{pmatrix}$ に，`mtxB` は $\begin{pmatrix} 3 \\ 1 \end{pmatrix}$ に対応しています．

コード 8.2：行列のかけ算を行う関数　　MatrixCalculator

```
1   int[][] multMtx(int[][] mtx1, int[][] mtx2){ //mtx1 と mtx2 をかけて返す
2     int[][] newMtx = new int[mtx1.length][mtx2[0].length];
3     for (int i = 0; i < mtx1.length; i++){
4       for (int j = 0; j < mtx2[0].length; j++){
5         int sum = 0; //(i,j)要素の初期値
6         for (int k = 0; k < mtx2.length; k++){
7           sum += mtx1[i][k] * mtx2[k][j]; // 要素をかけて足す
8         }
9         newMtx[i][j] = sum;
10      }
11    }
12    return newMtx;
13  }
```

配列の長さを取り出す場合は length メソッドを使います．コード 8.2 では，配列の配列 mtx を行列と見た場合，mtx.length は行の長さを，mtx[0].length は列の長さを返します．

コード 8.3：行列の転置を行う関数　　MatrixCalculator

```
1   int[][] trMtx(int[][] mtx){ //mtx を転置して返す
2     int[][] newMtx = new int[mtx[0].length][mtx.length];
3     for (int i = 0; i < mtx.length; i++){
4       for (int j = 0; j < mtx[0].length; j++){
5         newMtx[j][i] = mtx[i][j]; // 要素を入れ替える
6       }
7     }
8     return newMtx;
9   }
```

8.2.2　組織図との対応

図 8.7：組織図

　組織図で織りの模様を表す P の部分は，A,B,C とタテ糸・ヨコ糸の配色から規則的に決まりましたが，これは行列を使って表すことができます．簡単のため，タテ糸を黄色，ヨコ糸を赤色とし，180°回転して図 8.7 のような簡易的な組織図を考えます．

　A,B,C の各部分で黒のマスを 1，白のマスを 0 とすれば，A,B,C はそれぞれ 0, 1 を要素に持つ行列と見なすことができます．またヨコ糸を 1，タテ糸を 0 とすれば，P も 0, 1 を要素に持つ行列と見なすことができます．つまり図 8.7 に対応する行列 A, B, C, P は次のようになります．

$$A = \begin{pmatrix} 1 & 0 \\ 0 & 1 \\ 0 & 1 \\ 1 & 0 \end{pmatrix}, \quad B = \begin{pmatrix} 1 & 1 \\ 0 & 1 \end{pmatrix}, \quad C = \begin{pmatrix} 1 & 0 & 0 & 1 \\ 0 & 1 & 1 & 0 \end{pmatrix}, \quad P = \begin{pmatrix} 1 & 0 & 0 & 1 \\ 1 & 1 & 1 & 1 \\ 1 & 1 & 1 & 1 \\ 1 & 0 & 0 & 1 \end{pmatrix}$$

ここで組織図のルールにより，A の各行，C の各列に 1 は 1 つのみとします．ここで P は A, B, C の配列から，図 8.2 のルールにより決まります．これを行列で考えたとき，次が成り立ちます．

織りの模様を作る行列

$$A^t BC = P$$

実際，計算してみると

$$A^t BC = \begin{pmatrix} 1 & 0 \\ 0 & 1 \\ 0 & 1 \\ 1 & 0 \end{pmatrix} \begin{pmatrix} 1 & 0 \\ 1 & 1 \end{pmatrix} \begin{pmatrix} 1 & 0 & 0 & 1 \\ 0 & 1 & 1 & 0 \end{pmatrix} = \begin{pmatrix} 1 & 0 \\ 1 & 1 \\ 1 & 1 \\ 1 & 0 \end{pmatrix} \begin{pmatrix} 1 & 0 & 0 & 1 \\ 0 & 1 & 1 & 0 \end{pmatrix} = P$$

となることが確かめられます．つまり**織り機で布を織ることは行列の計算をしていることに他ならない**のです．この関係式を使って，組織図を生成するプログラムを作ってみましょう．

コード 8.4：組織図の生成　　TextileGenerator

```
int rowA = 20; //A の行数 (C の列数)
int columnA = 4; //A,B の列数 (B,C の行数)
int[][] mtxA = new int[rowA][columnA];
int[][] mtxB = new int[columnA][columnA];
int[][] mtxC = new int[columnA][rowA];
int[][] mtxP = new int[rowA][rowA];
float scalar;
...
void setup(){
  size(500, 500);
  initialize(mtxA); //A を初期化する
  initialize(mtxB); //B を初期化する
  initialize(mtxC); //C を初期化する
  scalar = (float) height / (rowA + columnA); // セルのサイズ
}
void draw(){
  mtxP = multMtx(multMtx(mtxA, trMtx(mtxB)), mtxC); //P の計算
  strokeWeight(1);
  drawTable(mtxA, 0, columnA, BLACK, WHITE); //A を表に書き出す (1 が黒, 0 が白)
  drawTable(mtxB, 0, 0, BLACK, WHITE); //B を表に書き出す
  drawTable(mtxC, columnA, 0, BLACK, WHITE); //C を表に書き出す
```

```
22      drawTable(mtxP, columnA, columnA, colorYoko, colorTate);//P を表に書き出す (1
        がヨコ糸，0 がタテ糸 )
23      strokeWeight(3);
24      line(0, scalar * columnA, width, scalar * columnA); // 罫線の描画
25      line(scalar * columnA, 0, scalar * columnA, height);
26    }
```

コード 8.4 では行列 A, B, C から $A^t BC = P$ を計算し，それを表に書き出します．まず各行列を initialize 関数で初期化し，すべて 0 であるような行列とします．これらの行列の要素は描画ウィンドウ上，セルをクリックすることで値を入力します．

コード 8.5：マウスをクリックしたときの動作　　TextileGenerator

```
1   void mouseClicked(){
2     int x = floor(mouseX / scalar);
3     int y = floor(mouseY / scalar);
4     if (y < columnA){ // マウスのカーソルが B または C の上にある場合
5       if (x < columnA){ // マウスのカーソルが B の上にある場合
6         mtxB[y][x] = (mtxB[y][x] + 1) % 2; // 行列の成分が 0 ならば 1，1 ならば 0 に変
    える
7       } else { // マウスのカーソルが C の上にある場合
8         mtxC[y][x - columnA] = (mtxC[y][x - columnA] + 1) % 2;
9       }
10    } else if (x < columnA) { // マウスのカーソルが A の上にある場合
11      mtxA[y - columnA][x] = (mtxA[y - columnA][x] + 1) % 2;
12    }
13  }
```

行列 A, B, C, P は drawTable 関数（コード 8.6）を使って表に書き出します．

コード 8.6：行列を表に描きだす関数　　TextileGenerator

```
1   void drawTable(int[][] mtx, float x, float y, color c1, color c2){
2     float posY = y * scalar; // セルの y 座標位置
3     for(int i = 0; i < mtx.length; i++){
4       float posX = x * scalar; // セルの x 座標位置
5       for (int j = 0; j < mtx[0].length; j++){
6         if(mtx[i][j] == 0){
7           fill(c2);    // 成分が 0 ならば色 c2 でセルを塗る
8         } else {
9           fill(c1);    // 成分が 1 ならば色 c1 でセルを塗る
10        }
11        rect(posX, posY, scalar, scalar); // 行列をセルとして書き出し
12        posX += scalar; // セルの位置を更新
13      }
14      posY += scalar;
15    }
16  }
```

8.3 対称性

衣服の布地の模様には，回転したり鏡で映しても模様が変わらない対称的な模様が多く使われています．実際，衣服は絵画とは異なり，その上下左右は最初から定まっているわけではないため，回転や鏡映に対して不変であるような対称的な柄が好まれます．こういった対称性は，組織図の配列，つまり行列によって作ることができます．

8.3.1 回転と鏡映

まず図形の回転と鏡映について見てみましょう．**回転**とは文字通りどこかに中心点を定めて図形を回転することであり，**鏡映**とは鏡写しのようにある直線を軸として図形をひっくり返すことです．このように図形を別の図形に変える操作を**変換**と呼びます．とくに回転や鏡映は図形の大きさを変えない変換ですが，こういった変換は**合同変換**と呼ばれます．

図 8.8: 回転・鏡映による図形変換

何らかの合同変換を施してもかたちが変わらないようなとき，そのかたちは**対称性**を持つ，といいます．例えば図 8.8 を見ると，アルファベットの "F" は回転・鏡映をするとかたちが変わってしまうので，（回転・鏡映に関しては）対称性を持ちません．

一方，図 8.9 を見ると，アルファベットの "A" は中心の垂直な点線を軸とする鏡映に関しては対称性を持っています．また正三角形は中心点を軸とする 120° の回転に関して対称性を持ち，さらに各頂点から向かい合う辺への垂線を軸とした鏡映対称性を持っています．円に関しては中心を軸とすればどんな角度の回転に関しても対称性を持ち，さらに中心を通るどんな軸に対しても鏡映対称性を持っています．

図 8.9: 回転・鏡映に関する対称性

課題 8.2 鏡映・回転に関する対称性を持たないアルファベットを "F" 以外に挙げよ．

■ 行列による図形の変換

次に組織図の模様について，対称性を見てみましょう．図 8.7 のように組織図を A,B,C,P の部分に分割します．図 8.10 は，A,C が異なり，B が同じである 4 つの組織図です．

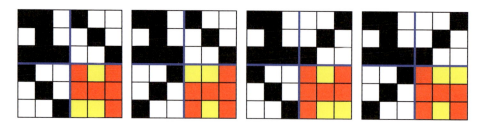

図 8.10：A,C の違いによる模様の変化

この図を見ると，P の模様は B を回転，または鏡映変換したものであることが分かります．

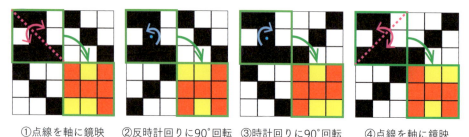

①点線を軸に鏡映　②反時計回りに 90°回転　③時計回りに 90°回転　④点線を軸に鏡映

図 8.11：B と P の対応

これを行列で考えてみましょう．

$$I = \begin{pmatrix} 1 & 0 & 0 \\ 0 & 1 & 0 \\ 0 & 0 & 1 \end{pmatrix}, \quad J = \begin{pmatrix} 0 & 0 & 1 \\ 0 & 1 & 0 \\ 1 & 0 & 0 \end{pmatrix}$$

とすると，図 8.11 の変換は行列 I, J を左からかける，もしくは右からかけることによって得られます．実際，それぞれの変換を行列で表すと，次のようになります．

①$B \mapsto I^t B I$，②$B \mapsto J^t B I$，③$B \mapsto I^t B J$，④$B \mapsto J^t B J$

つまり **回転と鏡映は行列の操作によって得られる** のです．

8.3.2　D_2 対称性

図 8.12 の組織図は，B の回転と鏡映を組み合わせて作られています．図 8.12 の A, B, C, P の各部分を，図 8.13 のように分割してみましょう．このとき $P_{11}, P_{21}, P_{12}, P_{22}$ は，それぞれ図 8.11 の ①, ②, ③, ④ の変換に対応しています．これは A_1, A_2, C_1, C_2 の配列から決まります．実際，行列 P_{ij} は，次によって求めることができます．

$$A_i{}^t B C_j = P_{ij}$$

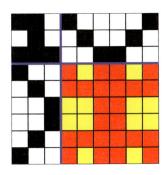
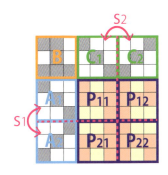

図 8.12：組織図　　　　　　図 8.13：組織図の分割と対称性

図 8.13 において，A と C は直交する点線の軸に関して鏡映対称ですが，これは P の鏡映対称性を引き起こします．図 8.13 の横の点線を軸とした鏡映を s_1，縦の点線を軸とした鏡映を s_2 と書くことにしましょう．この鏡映を重ねて施すと，図 8.14 の変換が得られます．s_1 の変換を施してから，さらに s_2 の変換を施すことを，変換の**合成**と呼び $s_2 \circ s_1$ と書きます．図 8.14 のように，合成変換 $s_2 \circ s_1$ は 180°の回転と等しくなります．ある 2 つの変換に対して，それぞれの変換がかたちを不変に保つならば，その 2 つの変換の合成に対してもかたちは不変です．実際，図 8.12 の模様 P は 180°の回転対称性を持ちます．

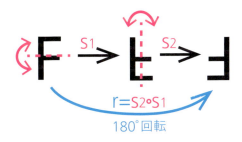

図 8.14：直交する 2 方向の鏡映変換の合成

■ 合同変換群

ある図形に対し，かたちを変えない合同変換の集まりを考えてみましょう．例えば図 8.13 の模様 P に対して，その 2 つの鏡映 s_1, s_2 とその合成による 180°回転 $r = s_2 \circ s_1$ はその模様を変えません．また何も動かさないことも（何も動かさない）合同変換と捉えることができます．このような変換は**恒等変換**と呼ばれ，e と書きます．e, s_1, s_2, r の 4 つが図 8.12 の模様を変えない合同変換すべてです．合同変換の合成を「かけ算」と考えれば，第 6 章で合同な数を考えたときのように，この演算結果を乗法表として書き出すことができます．

∘	e	s_1	s_2	r
e	e	s_1	s_2	r
s_1	s_1	e	r	s_2
s_2	s_2	r	e	s_1
r	r	s_2	s_1	e

表 8.1：図 8.13 の模様の合同変換（二面体群 D_2）に関する乗法表

このよう合同変換全体に「かけ算」の演算を与えたものは，合同な数によく似た性質を持っています．どんな変換に e をかけても変わらないことから，e は 1 と同じ性質を持っています．このような e は**単位元**と呼ばれます．また素数を法とした場合，0 以外の数はかけると 1 になる数（逆元）が存在しましたが，同じようにすべての合同変換にはかけると e になる変換が存在します．このような変換は，合同な数の場合と同じく**逆元**と呼びます．いまの場合，すべての変換は 2 回かけると e になるため，すべての変換は同時にその逆元でもあります．こういった単位元と逆元が存在するような体系は**群**と呼ばれます（群の正確な定義はやや抽象的な議論になるので，註 17 で述べます）．とくにかたちを保つ合同変換全体に，変換の合成を演算とした群を**合同変換群**と呼びます．この合同変換群は次章で扱う二面体群 D_2 と対応しています．

課題 8.3　$s_1 \circ r = r \circ s_1 = s_2$, $s_2 \circ r = r \circ s_2 = s_1$ を，図 8.14 のように絵を描いて確かめよ．

註 17 ［群］ もう少し丁寧に群について説明します．整数全体の集合を $\mathbf{Z}$ と書くと，例えば 2 は $\mathbf{Z}$ に含まれます．このとき $2 \in \mathbf{Z}$ と書きます．一般に何らかの数学的対象の集合 G に対し，それに含まれる要素を G の元と呼び，その元 a を $a \in G$ と書きます．また G の 2 つの元 a, b に対し，G の元を対応させる対応付けのことを演算と呼びます．例えば整数どうしを足しても，引いても，かけてもまた整数なので，$+ - \times$ は $\mathbf{Z}$ 上の演算ですが，整数どうしを割り算できたとしてもそれが必ず整数

になるとは限らないので，÷ は $\mathbf{Z}$ 上の演算ではありません．

　ある集合 G とその上に定義された演算 $\cdot$ を持つ体系は，次を満たすとき群と呼びます．
(1) $a, b, c \in G$ に対し，$(a \cdot b) \cdot c = a \cdot (b \cdot c)$（結合法則）を満たす
(2) すべての $a \in G$ に対し，$a \cdot e = e \cdot a = a$ となる $e \in G$（単位元）が存在する
(3) すべての $a \in G$ に対し，$a \cdot a^{-1} = e$ となる $a^{-1} \in G$（逆元）が存在する
こういった抽象的な定義は一見難解に見えますが，整数や有理数，合同な数や合同変換など，異なる数学的体系を群として統一した観点から扱うことができます

8.3.3　D_4 対称性

組織図において A と C の鏡映対称性は模様 P の対称性を引き起こしました．さらに，B にも対称性を持たせると，図 8.15 の模様が表れます．この模様は s_1, s_2 に加え，s_3 に関する対称性も持っています（図 8.16）．

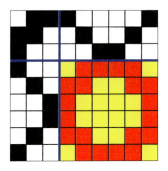
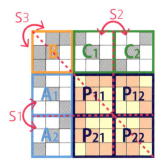

図 8.15：組織図　　　　　　図 8.16：組織図の分割と対称性

表 8.1 において，合同変換群 D_2 は 2 つの鏡映 s_1, s_2 の合成によってすべての変換が得られました．このようなとき，D_2 は s_1, s_2 **から生成される群**と呼ばれます．図 8.15 において，模様を保つ合同変換群は s_1, s_2, s_3 から生成される群であり，それは次章で扱う二面体群 D_4 に対応しています．D_4 は 4 方向の鏡映変換と 90°ごとの回転からなる群ですが，この群については次章で詳しく学びます．

8.4 周期性

衣服は広い面積の生地を裁断して作るため，その柄には模様の反復がよく使われています．織りの組織図では，反復させる最小単位の模様を**完全組織**と呼びます．完全組織が与えられれば，AとCの配列を反復させることによって反復模様を作ることができます．D_2 または D_4 の対称性を持つ模様に対し，それを反復するプログラムを作ってみましょう．

コード 8.7：配列に関する関数　TextileRepeater

```
1  void setup(){
2    ...
3    repeat(mtxA); //A を反復配列にする
4    randomize(mtxB); //B をランダムな配列にする
5    mtxC = trMtx(mtxA); //C を A の転置とする
6  }
```

コード 8.7 では repeat 関数（コード 8.8）で行列 A を反復的にジグザグに作り，それを転置して行列 C を作ります．

コード 8.8：反復配列を作る関数　TextileRepeater

```
1  void repeat(int[][] mtx){
2    for (int i = 0; i < rowA; i++){
3      for (int j = 0; j < columnA; j++){
4        mtx[i][j] = 0; //mtx の要素をすべて 0 にする
5      }
6    }
7    for (int i = 0; i < rowA; i++){
8      int iZigzag;
9      if (int(i / columnA) % 2 == 0){
10       iZigzag = i % columnA;
11     } else { // 列の端まで達したとき折り返す
12       iZigzag = columnA - (i % columnA) - 1;
13     }
14     mtx[i][iZigzag] = 1; // 行列の要素をジグザグに 1 にする
15   }
16 }
```

また randomize 関数(コード 8.9)では,ランダムな 01 要素を選び行列 B を作ります.ここで B に対称性を持たせるかどうかを論理値変数 sym によって決定します.B が対称行列のとき完全組織は D_4 対称性,そうでないときは D_2 対称性を持ちます.

コード 8.9:行列をランダムに作る関数　　TextileRepeater

```
1   void randomize(int[][] mtx){
2     for (int i = 0; i < mtx.length; i++){
3       for (int j = 0 ; j < mtx[0].length; j++){
4         mtx[i][j] = int(random(2)); //ランダムな 01 配列の生成
5       }
6     }
7     if(sym){ // 対称行列にする場合
8       for (int i = 0; i < mtx.length; i++){
9         for (int j = i ; j < mtx[0].length; j++){
10          mtx[j][i] = mtx[i][j]; //(i,j)成分と(j,i)成分が同じになるようにする
11        }
12      }
13    }
14    colorTate = color(random(1), 1, 1); // 色彩をランダムに生成
15    colorYoko = color(random(1), 1, 1);
16  }
```

マウスとキーの操作によって対称性を持つかどうか選択します.

コード 8.10:マウスをクリックしたときの動作　　TextileRepeater

```
1   void mouseClicked(){ // マウスクリック時
2     sym = true; //D4 対称性を持つ模様の生成
3     randomize(mtxB);
4   }
5   void keyPressed(){ // キーを押したとき
6     sym = false; //D2 対称性を持つ模様の生成
7     randomize(mtxB);
8   }
```

D_2 対称性を持つ完全組織の反復による模様は pmm パターン（図 8.17），D_4 対称性を持つ完全組織の反復による模様は p4m パターン（図 8.18）と分類されています．これらのパターンは第 12 章で扱う壁紙群と関係しています．ここで記号の p は primitive, m は mirror reflection（鏡映），4 は $\pi/4$ の回転変換を表しています．

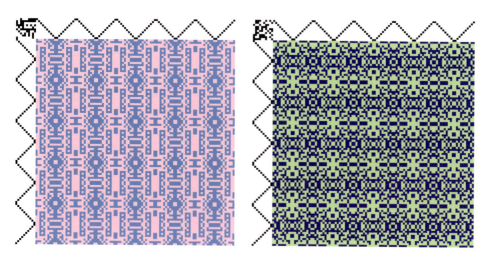

図 8.17：D_2 対称性を持つ完全組織の反復（pmm パターン）（TextileRepeater）

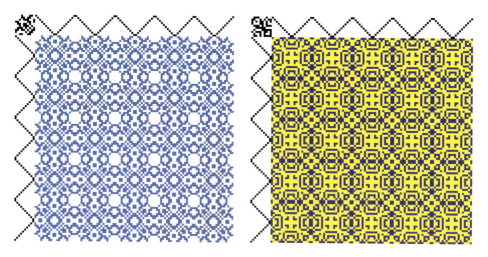

図 8.18：D_4 対称性を持つ完全組織の反復（p4m パターン）（TextileRepeater）

8.4.1 平行移動

布の生地には限りがありますが，数学では平面に限りはありません．完全組織の模様が限りなく反復された模様を想像してみましょう．このとき図 8.19 のように，模様全体の横方向への平行移動を v_1，縦方向への平行移動を v_2 とすれば，v_1, v_2 の変換に対して模様は変化しません．よってこれらの平行移動は模様の合同変換群に含まれます．平行移動しても模様を不変に保つ性質を模様の**周期性**（または並進対称性）と呼びます．

模様の広がる平面を xy 平面と考えれば，v_1, v_2 はベクトルと見なすことができます．このとき v_1, v_2 の整数倍とその和，つまり整数 a_1, a_2 に対し $a_1 v_1 + a_2 v_2$ は合同変換群に含まれます．すべての整数 a_1, a_2 に対する $a_1 v_1 + a_2 v_2$ の集合を**格子**と呼びます．xy 平面上の点とその位置ベクトルを同一視すれば，格子とは図 8.19 のように平面上のバラバラな点の集まりと見なすことができます．これらの点は**格子点**と呼ばれます．格子はベクトルの足し算を演算として群であることが分かります．前節で見た回転や鏡映からなるの合同変換群は有限個の元しかありませんでしたが，格子には無限個の元が存在します．

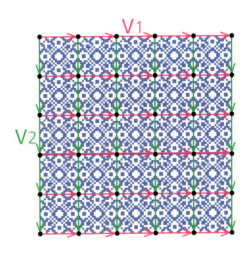

図 8.19：模様の周期性と格子

第 9 章 正多角形の対称性

　前章では織りの模様の対称性について見ましたが，これは正方形上の模様の対称性でした．この章では一般に正多角形上の模様の対称性を考えます．対称性を司る二面体群を応用すれば，対称性を持つ模様を自由に作ることができます．

この章のキーポイント

- 正六角形を自分自身に移す合同変換すべての集合は群 D_6 の構造を持つ
- D_6 は回転のみからなる部分群 C_6 を持つが，これは 6 を法とした整数の加法表（第 6 章）と同じ構造を持つ
- 正 n 角形を自分自身に移す合同変換群は，回転と鏡映から生成される二面体群 D_n である
- 対称性を持つ模様は，模様を保つ合同変換群とその基本領域によって決まる

この章で使うプログラム

- DihedralGroup：正六角形の合同変換の可視化
- FundamentalDomain：画像の読み込みによる D_6 対称性を持つ模様の生成
- QuadBezier：2 次ベジエ曲線の描画
- CubicBezier：3 次ベジエ曲線の描画
- HigherBezier：高次ベジエ曲線のランダムな描画
- SymmetricShape：D_n 対称性を持つランダムな模様の生成

9.1 寄木細工

画像 9.1 は寄木細工と呼ばれる工芸技法で作られたコースターです．寄木細工は様々な種類の木材を接着し，切断することによって作られていますが，木材の色目によってその模様が作られています．この模様の中にも，前章で学んだ対称性の群構造が隠されています．

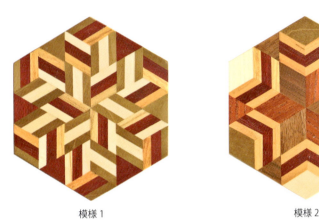

模様 1　　　　　　　　模様 2

画像 9.1：箱根の寄木細工

9.1.1 正六角形の合同変換群

前章では，正方形の模様を保つ回転・鏡映による合同変換を見ました．これを正六角形の場合で考えてみましょう．正六角形を自分自身に移す合同変換はどのようなものがあるでしょうか？

まず回転について，正方形の場合は中心点を軸とした $2\pi/4 = 90°$ の整数倍に関する回転対称性を持っていましたが，正六角形は $2\pi/6 = 60°$ の整数倍に関する回転対称性を持っています．さらに鏡映については，図 9.1 のように $0, \cdots, 5$ の 6 つの軸を取れば，それらに関する鏡映対称性が得られます．これらの回転と鏡映が，正六角形を動かさないすべての合同変換です．

この合同変換の構造について考えてみましょう．図 9.1 のように $60°$ の回転 r と軸 0 に関する鏡映 s を固定し，その合同変換の合成を正六角形に施すプログラムを作ります．

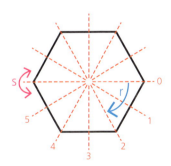

図 9.1：正六角形の合同変換

コード 9.1：正六角形の合同変換　　DihedralGroup

```
1   PShape img; // 画像用の変数
2   PShape polygon; // 正多角形用の変数
3   int gon = 6; // 正多角形の角数
4   float scalar; // サイズ
5   int j = 1; // 鏡映変換のパラメータ
6   int k = 0; // 回転変換のパラメータ
7   void setup(){
8     size(300, 300);
9     scalar = height * 0.4;
10    img = loadShape("F.svg"); // 画像ファイル読み込み
11    // img = loadShape("yosegi1.svg"); // 寄木 1 の画像
12    // img = loadShape("yosegi2.svg"); // 寄木 2 の画像
13    polygon = createShape();
14    polygon.beginShape();    // 頂点をつないでかたちを作る
15    polygon.noFill();
16    for (int i = 0; i < gon; i++){
17      PVector v = PVector.fromAngle(2 * PI * i / gon);
18      v.mult(scalar);
19      polygon.vertex(v.x, v.y); // 正多角形の頂点
20    }
21    polygon.endShape(CLOSE);    // すべての頂点をつなぐ
22    drawShape(); // 描画
23  }
```

コード 9.1 では，PShape クラスを使って図形と画像の処理を行っています．10 行目の loadShape 関数は図形を読み込み，13 行目の createShape 関数は図形を生成します．14 〜 21 行目では PShape メソッドを使い，頂点をつないで正多角形を作ります．drawShape 関数（コード 9.2）で図形の変換，および描画を行います．

コード 9.2：多角形とその向きを示す目印を描画する関数　　DihedralGroup

```
1   void drawShape(){
2     background(200);
3     translate(width / 2, height / 2);
4     img.resetMatrix(); // 画像の変換を初期化
5     img.scale(1, j); //x 軸に関する鏡映
6     img.rotate(k * 2 * PI / gon); // 回転
7     shape(img);
8     shape(polygon);
9     for (int i = 0; i < gon; i++){
10      int ind = (j * i - k + 2 * gon) % gon; // 頂点の番号付け
11      PVector v = PVector.fromAngle(2 * PI * i / gon);
12      v.mult(scalar);
13      textSize(20);
14      text(ind, v.x, v.y); // 番号を表示
15    }
16  }
```

コード 9.2 では読み込んだ img 画像を鏡映 s と回転 r で変換します．変換のパラメータである j は 1 か -1 の値を取り，k は $0, \cdots, 5$ の値を取ります．scale(1, -1) は x 軸を軸とした鏡映変換であることから，4〜6 行目の変換は j = 1 ならば r^k（r の k 回合成），j = -1 ならば $s \circ r^k$ を img に施します．変換によって動いた頂点は 10 行目で計算し，それを表示します．パラメータ変数 j, k の値はキー操作によって動かします．

コード 9.3：キー操作による図形の処理　DihedralGroup

```
1   void keyPressed() {
2     if (key == 's'){ // 鏡映
3       j *= -1;
4       println(key);
5     } else if (key == 'r'){ // 回転
6       k = (k + j + gon) % gon;
7       println(key);
8     } else if (key == 'e'){ // 初期化
9       k = 0;
10      j = 1;
11      println("RESET");
12    }
13    drawShape();
14  }
15  void draw(){}
```

Processing にあらかじめ備わっている keyPressed 関数を使えば，キー操作による処理ができます．コード 9.3 ではキーボードの 'r' をタイプすると回転，'s' をタイプすると鏡映，'e' をタイプすると初期化するようにしています．ここで，回転してから鏡映する変換 $s \circ r$ と，鏡映してから回転する変換 $r \circ s$ は異なることに注意しましょう（図 9.2）．r の逆方向への回転を r^{-1} とすれば $r \circ s = s \circ r^{-1}$ であり，$r \circ s \circ r^k = s \circ r^{k-1}$ となります．コード 9.3 の 3 行目，6 行目では，これを使って変換を計算しています．

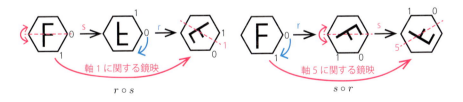

図 9.2：正六角形の合同変換の合成（DihedralGroup　: 's', 'r', 'e' をタイプ）

このプログラムを動かせば，正六角形を自分自身に移す合同変換は，回転 r と鏡映 s の合成によって得られることが分かります．実際，$0 \leqq k \leqq 5$ に対して $60° \times k$ の回転は r^k によって得られ，$r^k \circ s$ は軸 k に関する鏡映であることが分かります．つまり**正六角形の合同変換群は r と s から生成される**ことが分かります．この合同変換群を D_6 と書きます．

> **註 18 [対称群]** 正六角形の頂点を番号付けすれば，D_6 の元は番号がどこに移動するかによって表すことができます．DihedralGroup では各頂点を順に $(0,1,2,3,4,5)$ で番号付けしていますが，60°回転変換 r を施せば各頂点の番号はそれぞれ $(5,0,1,2,3,4)$ に移ります．一方，x 軸に関する鏡映変換 s を施せば各頂点はそれぞれ $(0,5,4,3,2,1)$ に移ります．つまり D_6 の元は $(0,1,2,3,4,5)$ の番号の入れ替えによって表すことができます．このような番号の入れ替えによる変換全体は群をなし，それは対称群と呼ばれます．つまり二面体群は対称群の部分群と見なすことができます．

9.1.2 模様を保つ合同変換

画像 9.1 の寄木細工の模様を合同変換群 D_6 によって動かし，模様の対称性を観察してみましょう．コード 9.1 の 10 行目の `loadShape` 関数の引数に "yosegi1.svg" と "yosegi2.svg" を代入（11，12 行目をアンコメント）すれば，2 種類の模様の変換を見ることができます．ここで図 9.3 の模様 1 は，回転 r を何回施しても模様は変わりませんが，鏡映 s を施すと模様が変化します．つまり模様 1 は回転対称性を持っていますが，鏡映対称性は持っていません．

一方，図 9.3 の模様 2 は，D_6 のすべての回転・鏡映に関して模様が保たれています．つまり模様 2 は D_6 対称性を持っています．したがって，この 2 つの**模様の違いはその対称性を表す群の違い**にあります．

模様 1 を保つ合同変換全体はすべての回転 $\{e, r, \cdots, r^5\}$ ですが（e は恒等変換），これは群の構造を持つことが分かります．部分集合がまた群の構造を持つとき，それを**部分群**と呼びます．この部分群の，変換の合成に関する乗法表は表 9.1 左のようになります．

∘	e	r	r^2	r^3	r^4	r^5
e	e	r	r^2	r^3	r^4	r^5
r	r	r^2	r^3	r^4	r^5	e
r^2	r^2	r^3	r^4	r^5	e	r
r^3	r^3	r^4	r^5	e	r	r^2
r^4	r^4	r^5	e	r	r^2	r^3
r^5	r^5	e	r	r^2	r^3	r^4

+	0	1	2	3	4	5
0	0	1	2	3	4	5
1	1	2	3	4	5	0
2	2	3	4	5	0	1
3	3	4	5	0	1	2
4	4	5	0	1	2	3
5	5	0	1	2	4	4

表 9.1：模様 1 を保つ合同変換群 (左) と 6 を法とする整数の加法表 (右)

この表は第 6 章で学んだ 6 を法とする加法表（表 9.1 右）と並べると，とてもよく似ていることに気づきます．実際，$\{e, r, \cdots, r^5\}$ をそれぞれ $\{0, 1, \cdots, 5\}$ に置き換えれば，両者は一致します．このときこの 2 つの群は**同型**である，といい，2 つは同型の対応によって同一視することができます．自然数 n を法とした加法に関する群，およびそれと同型な群を**巡回群**と呼び C_n と書きます．

課題 * 9.1　C_6 の部分群はどのようなものがあるか？

註 19［**可換・非可換**］巡回群 C_6 のどんな 2 つの元 a, b を選んでも，$ab = ba$ が成り立つことが分かります．このように演算の順序を変えても計算結果が変わらない性質を持つ群を可換群と呼びます．一方，D_6 では $s \circ r \neq r \circ s$ であり，可換ではありません．このように可換でない群を非可換群と呼びます．可換性は高校までの数学の世界では当たり前のように成り立ちますが，実はこの性質は特別に強い性質であり，多くの群は可換ではありません．可換群の構造は簡明ですが，この可換性の条件が外れるだけで，群の構造は複雑なものになります．

9.1.3　基本領域

図 9.3 の模様 1 と模様 2 をよく見ると，部分的なパターンの繰り返しによって全体の模様が構成されていることが分かります．実際，図 9.3 のように最小パターンの模様を切り取れば，この部分に合同変換を施してコピーすることにより，全体の模様が得られます．これをプログラムを動かして確かめてみましょう．

 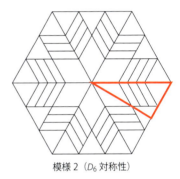

模様 1（C_6 対称性）　　　　　　模様 2（D_6 対称性）

図 9.3：繰り返し模様の最小パターン

コード 9.4：C_6 対称性を持つ模様の構成　　FundamentalDomain

```
1   PShape img; // 画像用の変数
2   size(300, 300);
3   img = loadShape("yosegiC6Part.svg"); //C6 対称模様を生成する部分的な模様
4   // img = loadShape("yosegiD6Part.svg"); //D6 対称模様を生成する部分的な模様
5   // img = loadShape("HelloWorld.svg");
6   translate(width / 2, height / 2);
7   for(int j = 0; j < 2; j++){
8     for(int k = 0; k < 6; k++){
9       img.resetMatrix();
```

```
10        // img.scale(1, pow(-1, j)); //D6 の場合
11        img.rotate(k * 2 * PI / 6);
12        shape(img);
13      }
14    }
```

逆に何か適当な画像を用意し，それをコード 9.4 の変換によって動かすことによって，対称性を持つ模様を作ることができます．例えば，loadShape 関数の引数に "HelloWorld.svg" を代入（5 行目をアンコメント）すると，図 9.4 が描画されます．

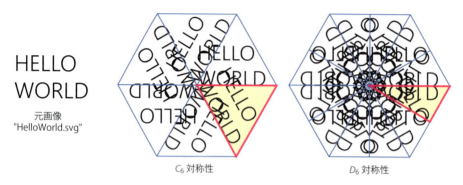

図 9.4：画像の変換によって得られる対称的な模様とその基本領域（FundamentalDomain）

このときも図 9.3 と同じ補助線を引けば，パターンの繰り返しによって模様が得られることが分かります．つまり，**繰り返しの最小パターンは**（模様を保つ）**合同変換群から決定される**ことが分かります．これを群の**基本領域**と呼びます．

註 20 ［連続的な群］ この章では正 n 角形を動かさない変換について考えましたが，この n を大きくすれば円に近づきます．ここで円の回転変換のなす群について考えてみましょう．円はすべての実数の回転角に対する対称性を持つため，D_n のように有限個の元からなる群ではありません．また 2π の整数倍で回転は元の位置に戻るため，実数 a に対し $a + 2m\pi$ の回転はどんな整数 m を取ってもすべて同じ変換です．よって円の回転変換がなす群は，実数上 0 から 2π までの区間の端をつなげたもの，つまり円周と見なすことができます．このように図形の変換群は必ずしも離散的な群とは限らず，幾何学的につながった構造を持つ場合もあります．

9.2 対称性を持つ模様

正六角形の対称的な模様は，群と基本領域が本質的であることを見ました．これを応用すれば，一般の正多角形に対して，対称性を持つ模様を作ることができます．

9.2.1 二面体群

コード9.1の変数 gon に3以上の整数を代入すれば，正多角形の合同変換を観察することができます．xy 平面上，原点を中心とした $2\pi/n$ の回転を r，x 軸に関する鏡映を s とすれば，このプログラムは正 n 角形に r と s の合成によって得られる変換を施します．正六角形の場合を一般化し，次のように二面体群を定義します．

二面体群 D_n

r と s から生成される群を二面体群と呼び D_n と書く．これは正 n 角形を自分自身に移す合同変換群である．具体的には次の $2n$ 個の合同変換からなる．
$$D_n = \{e, r, \cdots, r^{n-1}, s, s \circ r, \cdots s \circ r^{n-1}\}$$
ここで r^i は $2\pi i/n$ の回転，$s \circ r^i$ は鏡映である．

次に二面体群の基本領域について考えてみましょう．中心を O とする正 n 角形の隣り合う頂点を一組選び，それを A, B とします．このとき線分 AB の中点を C とすれば，△OAC が合同変換群 D_n の基本領域です．

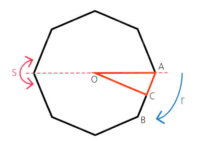

図9.5: D_n を生成する回転 r，鏡映 s，および基本領域 △OAC

■**課題9.2** $n = 3, 4, 5$ に対し，△OAC が合同変換群 D_n の基本領域であることをプログラミングによって確かめよ．

9.2.2 ベジエ曲線

今までの章では，直線や円を使ってかたちを作りました．さらに曲線を使えば，かたちのバリエーションに幅を持たせることができます．ここでコンピュータグラフィックスでよく使われるベジエ曲線を導入してみましょう[*1]．

■ 2次ベジエ曲線

まず平面上に3点 A,B,C を選びます．線分 AB, BC を均等に 10 分割してみましょう．これを図9.6のように線分でつなげば，A と C をつなぐ曲線が表れることが分かります．この曲線を**ベジエ曲線**と呼びます．

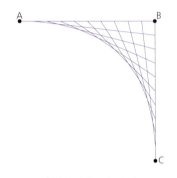
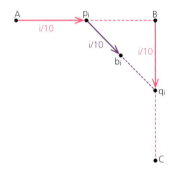

図 9.6：2 次ベジエ曲線　　図 9.7：ベジエ曲線の制御点と中間点

この各線分をベクトルを使って表してみましょう．$0 \leq i \leq 10$ に対して，次のように点 p_i, q_i を取ります．

$$\vec{p_i} = \vec{A} + \frac{i}{10}\overrightarrow{AB}, \quad \vec{q_i} = \vec{B} + \frac{i}{10}\overrightarrow{BC}$$

このとき，図9.6の線分は p_i と q_i をつないだ線分であることが分かります．さらにこの線分上にある点 b_i を次のように取ります．

$$\vec{b_i} = \vec{p_i} + \frac{i}{10}\overrightarrow{p_i q_i}$$

ここでベジエ曲線は $\{b_0, \cdots, b_{10}\}$ をつないで得られます．このベジエ曲線は3点から決まりますが，この3点を**制御点**と呼びます．高校で学んだ放物線 $y = x^2$ のように，2次式を使って表すことのできる曲線を2次曲線と呼びますが，実はこの曲線はある2次式を近似しています．よってこのベジエ曲線の次数を**2次**と定めます．

上の方法を使ってベジエ曲線を描画してみましょう．Processing には 2 次ベジエ曲線の関数が用意されていますが，上のベジエ曲線と関数を使って描いたベジエ曲線が一致することを確かめます．

[*1] この章で紹介するベジエ曲線描画のアルゴリズムは，ド・カステリョのアルゴリズムと呼ばれるものです．

コード 9.5：2 次ベジエ曲線　　QuadBezier

```
1   PVector[] ctr = new PVector[3]; // 制御点
2   int step = 10; // 中間点の数 ( 曲線の精度 )
3   int itr = 0; // 繰り返し回数を数える変数
4   void setup(){
5     size(500, 500);
6     colorMode(HSB, 1);
7     ctr[0] = new PVector(0, 0);
8     ctr[1] = new PVector(width, 0);
9     ctr[2] = new PVector(width, height);
10    noFill();
11  }
12  void draw(){
13    PVector[] midPt = ctr;
14    while(midPt.length > 1){ // 中間点の個数が 1 個になるまで続ける
15      midPt = getMidPoint(midPt, itr * 1.0 / step); // 中間点を取る ( 点の個数が 1 つ減る )
16      stroke(midPt.length * 1.0 / ctr.length, 1, 1);
17      drawLine(midPt); // 中間点をつないで線分を作る
18    }
19    itr++;
20    if(itr > step){
21      stroke(0, 0, 0);
22      strokeWeight(1);
23      beginShape();
24      vertex(0, 0);
25      quadraticVertex(width, 0, width, height); //2 次ベジエ曲線を描く関数
26      endShape();
27      noLoop(); // 繰り返し処理の終了
28    }
29  }
```

　描画ウィンドウの角 3 点を制御点としてベジエ曲線を描きます．3 点の制御点からスタートし，getMidPoint 関数（コード 9.6）を呼び出してその中間点を取り，線でつなげます．コード 9.5 の 23 〜 26 行目では，Processing にあらかじめ備わっている quadraticVertex 関数を使い，2 次ベジエ曲線を黒で描画しています．

コード 9.6：中間点を取る関数　　QuadBezier

```
1   PVector[] getMidPoint(PVector[] v, float t){
2     PVector[] pt = new PVector[v.length - 1];
3     for (int i = 0; i < v.length - 1; i++){
4       pt[i] = PVector.sub(v[i + 1],v[i]);
5       pt[i].mult(t);
6       pt[i].add(v[i]);
7     }
8     return pt;
9   }
```

■ 3次ベジエ曲線

 2次ベジエ曲線では 3 つの制御点から曲線を定めましたが，これを拡張し 3 つ以上の制御点からベジエ曲線を作ってみましょう．平面上に 4 つの点 A,B,C,D を選びます．2次ベジエ曲線の場合と同じように，$0 \leqq i \leqq 10$ に対して，次のように 3 点 p_i, q_i, r_i を取ります．

$$\vec{p_i} = \vec{A} + \frac{i}{10}\overrightarrow{AB}, \quad \vec{q_i} = \vec{B} + \frac{i}{10}\overrightarrow{BC}, \quad \vec{r_i} = \vec{C} + \frac{i}{10}\overrightarrow{CD}$$

次に 3 点 p_i, q_i, r_i から，次のように 2 点 s_i, t_i を取ります．

$$\vec{s_i} = \vec{p_i} + \frac{i}{10}\overrightarrow{p_i q_i}, \quad \vec{t_i} = \vec{q_i} + \frac{i}{10}\overrightarrow{q_i r_i}$$

さらに s_i, t_i から点 b_i を次のように取ります．

$$\vec{b_i} = \vec{s_i} + \frac{i}{10}\overrightarrow{s_i t_i}$$

これによって得られた点 $\{b_0, \cdots, b_{10}\}$ をつないでできる曲線は 3 次曲線を近似するため，**3 次ベジエ曲線**と呼びます（図9.8）．

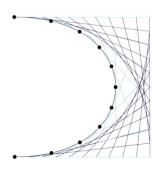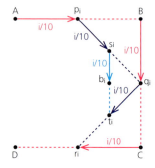

図 9.8：3 次ベジエ曲線（CubicBezier）

 3 次ベジエ曲線はコード 9.5 で制御点を 1 つ増やせばいいだけです．Processing では 3 次ベジエ曲線を描く bezier 関数が用意されているので，これを重ねて描画してみましょう．

コード 9.7：3 次ベジエ曲線　CubicBezier

```
PVector[] ctr = new PVector[4];
...
ctr[3] = new PVector(0, height);
...
 //3次ベジエ曲線を描く関数
bezier(ctr[0].x, ctr[0].y, ctr[1].x, ctr[1].y, ctr[2].x, ctr[2].y, ctr[3].x, ctr[3].y);
}
```

■ 高次ベジエ曲線

ベクトルを使って制御点からベジエ曲線を作る方法を拡張すれば，5つ以上の制御点に対してもベジエ曲線を作ることができます．n 個の点をランダムに選び，それを制御点とするベジエ曲線の描画プログラムを作ってみましょう．

コード 9.8：高次ベジエ曲線　　HigherBezier

```
int num = 5; // 制御点の個数
PVector[] ctr = new PVector[num];
...
for(int i = 0; i < num; i++){
  ctr[i] = PVector.random2D(); // 単位円内にランダムにベクトルを取る関数
  ctr[i].mult(width / 2);
  ctr[i].add(width / 2, height / 2);
}
```

一般に n 個の制御点から作られたベジエ曲線は $(n-1)$ 次曲線を近似するので，$(n-1)$ 次ベジエ曲線と呼びます．Processing の関数には 3 次までのベジエ曲線しか用意されていませんが，この方法を使えば 4 次以上のベジエ曲線を描くことができます．曲線の次数が上がれば，それだけ曲がり方の自由度が増します．

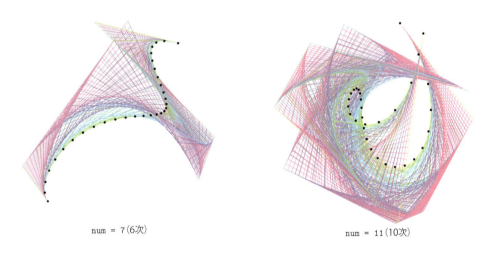

num = 7（6次）　　　　　　　　　　　num = 11（10次）

図 9.9：高次ベジエ曲線（HigherBezier）

第 9 章　正多角形の対称性　　211

9.2.3 対称性を持つ模様の生成

ベジエ曲線を使い，対称性を持つ模様を作ってみましょう．二面体群 D_n を正 n 角形の合同変換群とし，その基本領域（図9.5）を考えれば，基本領域 △ OAC の部分だけに模様を作り，変換してコピーすることによって全体の模様を構成することができます．線分 OA, OC 上にそれぞれ 2 点ずつ点を選び，この 4 点を制御点とするベジエ曲線を作ってみましょう．このベジエ曲線の端点と原点 O をつなげば，△ OAC 上にベジエ曲線を使った模様を作ることができます（図9.10）．クリックするごとにランダムにこの模様を発生するよう，プログラムしてみましょう．

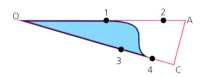

図 9.10：ベジエ曲線による基本領域上の模様

コード 9.9：ベジエ曲線による対称的な模様　　SymmetricShape

```
1   PShape crv; // ベジエ曲線
2   int gon = 10;
3   void setup(){
4     size(500, 500, P2D); // ベジエ曲線を描画する場合は P2D レンダラを使った方が無難
5     colorMode(HSB, 1);
6     background(0, 0, 1);
7     makeCurve(); // ベジエ曲線の描画
8     drawShape(); // 二面体群による変換と描画
9   }
```

コード 9.10：ベジエ曲線を作る関数　　SymmetricShape

```
1   void makeCurve(){
2     PVector[] v = new PVector[2];
3     for(int i = 0; i < 2; i++){
4       v[i] = PVector.fromAngle(i * PI / gon); // 基本領域のベクトル
5       v[i].mult(width / 2);
6     }
7     PVector[] ctr = new PVector[4];
8     for (int i = 0; i < 4; i++){
9       ctr[i] = PVector.mult(v[i/2], random(1)); // 制御点をランダムに取る
10    }
11    crv = createShape();
12    crv.setFill(color(random(1), 1, 1));
13    crv.beginShape();
14    crv.vertex(0, 0);
15    crv.vertex(ctr[0].x, ctr[0].y);
16    crv.bezierVertex(ctr[1].x, ctr[1].y, ctr[2].x, ctr[2].y, ctr[3].x, ctr[3].y);
17    crv.endShape(CLOSE);
18  }
```

図 9.11：ベジエ曲線による対称的な模様（SymmetricShape）

第10章 正多角形によるタイリング

　タイルによって平面を隙間なく埋め尽くすことを，タイリングと呼びます．タイリングは，建築やグラフィックデザインなど多くの装飾で使われています．タイリングには様々な種類のものがありますが，この章ではその基本となる正則タイリングについて学びます．

この章のキーポイント

- 正多角形を隙間なく平面に詰めることを正則タイリングと呼ぶ．正則タイリング可能な正多角形は正三角形，正方形，正六角形に限られる
- 正三角形タイリングと正六角形タイリングは双対な関係を持つ
- タイリングの繰り返しパターンを周期性と呼び，その構造は格子によって決まる
- 六角格子の構造を使えば，正六角形タイリング上にセルオートマトンを適用することができる

この章で使うプログラム

- SquareTiling：正方形タイリングの描画
- HexTiling：正六角形タイリングの描画
- TriangleTiling：正三角形タイリングの描画
- HexCA：正六角形タイリング上のセルオートマトン

10.1 タイル張り

街に出て建築の外装や内装を見てみましょう．外壁や舗装など，多くの建築物にはタイル張りが使われています．ここでタイル張りとは，同じ形状のタイルを敷き詰める施工のことです．とくに長方形や正方形のタイルを使ったものはよく目にすることでしょう．さらによく探してみると，正三角形のタイルや正六角形のタイルによるタイル張りを見つけることができます．

正方形によるタイル張り

正三角形によるタイル張り

正六角形によるタイル張り

画像 10.1：正多角形によるタイル張り

建築におけるタイル張りを数学的に抽象化し，平面をタイルによって埋め尽くすことを**タイリング**（または平面充填）と呼びます．とくに 1 種類の正多角形タイルによるタイリングを**正則タイリング**と呼びます[*1]．画像 10.1 の敷き詰め方を使えば，正三角形，正方形，正六角形によるタイリングが可能であることが分かります．

世界は広いですから，探せば様々な正多角形によるタイル張りが見つかりそうな気がしますが，実は**正則タイリング可能な正多角形は正三角形，正方形，正六角形の場合に限られます**．もしそれ以外の正多角形によるタイル張りがあったとしても，それは正確な正多角形ではない，またはタイルに隙間がある，など厳密な意味での正則タイリングにはならないことが数学的に示されます．

課題*10.1 正則タイリング可能な正多角形は正三角形，正方形，正六角形の場合に限られることを示せ．

[*1] この本において正則タイリングは，各タイルの頂点が隣接するタイルの頂点で交わっていることを仮定します．

10.1.1 双対性

正三角形と正六角形によるタイリングには，ある関係性が隠されています．正六角形の中心に点を取り，隣接する正六角形の中心点を線で結んでみましょう．すると正三角形タイリングが表れます（図10.1）．一方，逆に正三角形に対して同様の操作を行うと，正六角形タイリングが表れます．このような2つのタイリングは**双対**であると呼ばれます．

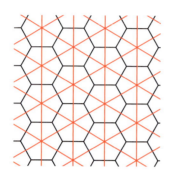

図10.1：正六角形タイリングと正三角形タイリングの双対性

この双対性について詳しく見てみましょう．タイリングは頂点・辺・面から構成されますが，この2つのタイリングの双対は頂点を面に，辺を辺に，面を頂点に対応させることによって得られます．実際，正多角形の面とその中心点を対応させれば，頂点と面の対応が得られ，交差する2つの辺から辺と辺の対応が得られます．頂点は0次元，辺は1次元，面は2次元ですから，この双対は$0, 1, 2$次元の各要素を$2, 1, 0$次元の各要素に対応させています．

さらに正六角形タイリングは，各頂点に正六角形が3個集まっています．この頂点の状態を(6^3)と書くことにすると，すべての頂点は同じ状態であるため，(6^3)は正六角形タイリングの不変量を表しています．一方，正三角形タイリングは1つの頂点に正三角形が6個集まっているので，その頂点の状態は(3^6)です．つまり2つのタイリングの双対は(3^6)を(6^3)に対応させています．

正方形タイリングの場合は，中心点を取ってつなげると平行移動した正方形によるタイリングが得られます．この場合，正方形タイリングの双対は同じ正方形タイリングであり，頂点の状態(4^4)も変わりません．

双対性はタイリングだけでなく，数学の多くの場面であらわれ，それはとても重要です．それがなぜ重要なのかというと，例えばAとBという2つの数学的対象が双対であるとき，Bを調べることによってAが分かるからです．とくにAが難しいような場合，その双対である簡単なBが見つかれば，簡単なBによって難しいAが把握できます．正三角形と正六角形によるタイリングでは，正三角形の方は平行な直線を引くことで簡単に得られますが，正六角形の方はそれよりも描くのが難しそうに見えます．ここで双対性を使えば，正六角形タイリングの構造が正三角形によって簡明になります．

> **註 21 [ボロノイ・ドロネー双対性]** 図 10.1 の 2 つのタイリングは，正三角形タイリングの各頂点に対し，その近くの正六角形領域で平面を分割したものが正六角形タイリングだと見なすことができます．このように平面上の点の集まりに対し，平面を点の近くの多角形領域で分割することを**ボロノイ分割**と呼びます．またボロノイ分割と双対となるように点をつないで得た平面の分割を**ドロネー分割**と呼びます．正三角形タイリングと正六角形タイリングの双対関係は，実はボロノイ・ドロネーの双対関係である，ということが分かります．ボロノイ・ドロネー分割はコンピュータグラフィックスでよく使われるアルゴリズムであり，Processing でもライブラリによって簡単に実装できます．

10.2　格子

正方形タイリングの頂点の並びを考えてみましょう．正方形の辺の長さを 1 とし，1 つの頂点は xy 平面上の原点であるとすれば，この頂点の集合は

$$\{(a, b) \mid a, b \text{ は整数}\}$$

と表すことができます．この元をベクトルを使って表すと，2 つのベクトル $v_1 = (0, 1), v_2 = (1, 0)$ によって，$av_1 + bv_2$ と表すことができます．つまりこの頂点の集合は，**格子**

$$\{av_1 + bv_2 \mid a, b \text{ は整数}\}$$

です．格子が上のように 2 つのベクトル v_1, v_2 の整数倍の和となるとき，v_1, v_2 によって**張られる格子**と呼びます．とくに，直角に交わる長さが等しい 2 つのベクトルによって張られる格子を**正方格子**と呼びます．

一方，正三角形タイリングの頂点の並びは，辺の長さを 1 とすると，図 10.3 のように 2 つのベクトル

$$v_1 = (0, 1), \quad v_2 = \left(\sin\tfrac{\pi}{6}, \cos\tfrac{\pi}{6}\right) = \left(\tfrac{1}{2}, \tfrac{\sqrt{3}}{2}\right)$$

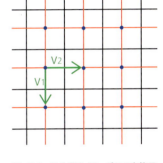

図 10.2：正方形タイリングと正方格子

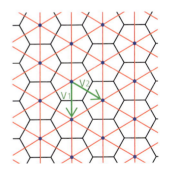

図 10.3：正六角形タイリングと六角格子

から張られる格子になっています．このような 60° に交わる長さが等しい 2 つのベクトルによって張られる格子を**六角格子**と呼びます．双対性より，六角格子の各格子点を中心とする正六角形を描けば，正六角形タイリングが得られます．

第8章では，織りのパターンの周期性に格子の構造があることを見ましたが，タイリングも同様に，周期性の構造は格子によって決まります．正方形（または正六角形）タイリングは，正方（または六角）格子の分だけ平行移動してもタイリングが変わらない周期性を持っています．このような周期性を生み出す平面上の格子は，それを張る2方向のベクトルのタイプによって5種類に分類できることが知られています[*2]．とくに正方格子と六角格子は強い対称性と両立可能であるため，本書ではこの2つの格子に焦点を当てます．

10.2.1 正方格子

正方形タイリングは格子を持ち出すまでもなく簡単に描画できますが，後の応用のため，格子を使って正方形タイリングをコーディングしてみましょう．

コード 10.1：正方形タイリング　　SquareTiling

```
1  int num = 10; // 描画するタイルの行の数
2  PVector[][] lattice; // 格子点ベクトル
3  PShape tile; // タイル
4  PVector[] base = new PVector[2]; // 格子を張るベクトル
5  float scalar; // タイルの辺の長さ
6  void setup(){
7    size(500, 500);
8    colorMode(HSB, 1);
9    scalar = height * 1.0 / num; // 描画ウィンドウと行の数からタイルの大きさを決定
10   makeSqVector(); // 正方格子を張るベクトルの生成
11   makeSqLattice(); // 正方格子の格子点ベクトルを生成
12   makeSquare();    // 正方形タイルを生成
13   drawTiling(); // タイリングを描画
14  }
15  void draw(){}
16  void mouseClicked(){ // マウスクリック時の動作
17    drawTiling();
18  }
```

このコードは，次の4ステップによって成り立っています．

1. 正方格子を張るベクトルを作る（`makeSqVector` 関数）
2. 正方格子の格子点を作る（`makeSqLattice` 関数）
3. 正方形タイルを作る（`makeSquare` 関数）
4. タイルを格子点に従って張り合わせる（`drawTiling` 関数）

[*2] 正方格子と六角格子以外には，2つのベクトルが平行四辺形・ひし形・長方形をなす場合があり，それぞれ斜交格子・ひし形格子・長方形格子と呼ばれています．

まずmakeSqVector関数（コード10.2）で正方格子を張る2つのベクトルを作り，これをグローバル変数baseにセットします．

コード 10.2：正方格子を張るベクトルを生成する関数　　SquareTiling

```
1  void makeSqVector(){
2    base[0] = new PVector(0, 1);
3    base[1] = new PVector(1, 0);
4  }
```

makeSqLattice 関数（コード10.3）で描画ウィンドウに収まる正方格子の格子点ベクトルの配列を作り，これをグローバル変数 lattice にセットします．

コード 10.3：正方格子の格子点ベクトルを生成する関数　　SquareTiling

```
1   void makeSqLattice(){
2     lattice = new PVector[num + 1][num + 1];
3     for (int i = 0; i < num + 1; i++){
4       for (int j = 0; j < num + 1; j++){
5         PVector v = PVector.mult(base[0], i * scalar); // 正方形を描画する位置ベクトル
6         v.add(PVector.mult(base[1], j * scalar));
7         lattice[i][j] = new PVector(v.x, v.y);
8       }
9     }
10  }
```

makeSquare 関数（コード 10.4）では，円周上の点から頂点ベクトルを取り，正方形を作ります．それをグローバル変数 tile にセットします．ここで正方形は図10.4のような大きさ比率になるように大きさを設定します．

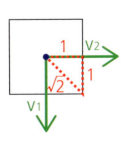

図10.4：正方格子と正方形

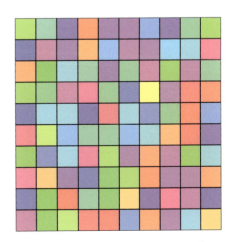

図10.5：正方形タイリング（SquareTiling）

コード 10.4：正方形タイルを作る関数　　SquareTiling

```
1  void makeSquare(){
2    tile = createShape();
3    tile.beginShape();
4    for (int i = 0; i < 4; i++){
5      PVector v = PVector.fromAngle(2 * PI * (i + 0.5) / 4); // 正方形の頂点を時計回りに設定
6      v.mult(scalar / sqrt(2)); // 正方形の対角線の長さの半分をかける
7      tile.vertex(v.x, v.y);
8    }
9    tile.endShape(CLOSE);
10 }
```

drawTiling 関数（コード 10.5）では，makeSquare 関数（コード 10.4）で作ったタイルをその格子点ベクトルに従って配置して描画します．

コード 10.5：タイリングを描画する関数　　SquareTiling

```
1  void drawTiling(){
2    for (PVector[] vecArr: lattice){
3      for (PVector vec : vecArr){
4        tile.resetMatrix();
5        tile.translate(vec.x, vec.y); // タイルの位置を指定
6        tile.setFill(color(random(1), 1, 1)); // タイルの色
7        shape(tile); // タイルを描画
8      }
9    }
10 }
```

10.2.2 六角格子

正六角形タイリングは，正方形タイリングの正方格子を六角格子に，正方形タイルを正六角形タイルに改変してプログラミングします．

コード 10.6：正六角形タイリング　　HexTiling

```
1  void setup(){
2    ...
3    makeHexVector(); // 六角格子を張るベクトルの生成
4    makeLattice(); // 格子点ベクトルを生成
5    makeHex(); // 正六角形タイルを生成
6    drawTiling(); // タイリングを描画
7  }
```

コード 10.6 は，正方形タイリングの場合と同様の 4 つのステップから成り立っています．まず makeHexVector 関数（コード 10.7）によって，六角格子を張るベクトルを作ります．図 10.6 より，円周上 $\pi/2$ と $\pi/6$ に点を取ってベクトルを作ります．

コード 10.7：六角格子を張るベクトルを生成する関数　　HexTiling

```
1  void makeHexVector(){
2    base[0] = PVector.fromAngle(PI / 2);
3    base[1] = PVector.fromAngle(PI / 6);
4  }
```

makeLattice 関数（コード 10.8）では格子点が正方形の描画ウィンドウに収まるよう，格子点ベクトルの配列の長さ m を定めます．描画ウィンドウからはみ出た格子点は，% 演算によってウィンドウ上部へ写します．

コード 10.8：六角格子の格子点ベクトルを生成する関数　　HexTiling

```
1  void makeLattice(){
2    int m = ceil(num / base[1].x); // 列の数
3    lattice = new PVector[num + 1][m + 1];
4    for (int i = 0; i <= num; i++){
5      for (int j = 0; j <= m; j++){
6        PVector v = PVector.mult(base[0], i * scalar);
7        v.add(PVector.mult(base[1], j * scalar));
8        lattice[i][j] = new PVector(v.x, v.y % (height + scalar));
9      }
10   }
11 }
```

makeHex 関数（コード 10.9）では，大きさの比率が図 10.6 となるように正六角形を作ります．

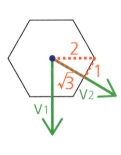

図 10.6：六角格子と正六角形

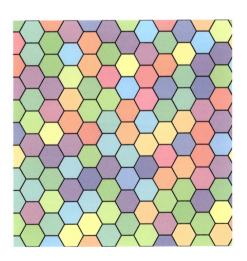

図 10.7：正六角形タイリング（HexTiling）

コード 10.9：正六角形を作る関数　　HexTiling

```
1  void makeHex(){
2    tile = createShape();
3    tile.beginShape();
4    for (int i = 0; i < 6; i++){
5      PVector v = PVector.fromAngle(2 * PI * i / 6); // 正六角形の頂点
6      v.mult(scalar / sqrt(3));
7      tile.vertex(v.x, v.y);
8    }
9    tile.endShape(CLOSE);
10 }
```

■ 正三角形タイリング

　正六角形は図 10.8 のように 6 つの正三角形に分割することができます．この分割を使えば，正三角形タイリングは，正六角形によるタイリングを分割することによって得られます．

コード 10.10：正三角形タイリング　　TriangleTiling

```
1  void setup(){
2    ...
3    makeHexVector(); // 六角格子を張るベクトルの生成
4    makeLattice(); // 格子点ベクトルを生成
5    makeHexTriangle(); //6 つの正三角形に分割された正六角形タイルを生成
6    drawTiling(); // タイリングを描画
7  }
```

　ここではコード 10.6 の makeHex 関数呼び出しで正六角形を作っていた箇所を「6 個の正三角形の集まりとしての正六角形」を作る makeHexTriangle 関数（コード 10.11）呼び出しに書き換えています．

コード 10.11：正六角形を分割する正三角形のグループを作る関数　　TriangleTiling

```
1  void makeHexTriangle(){
2    tile = createShape(GROUP); //PShape のグループを作る
3    for (int i = 0; i < 6; i++){
4      PVector v = PVector.fromAngle(PI * i / 3 + PI / 6);
5      v.mult(scalar / pow(sqrt(3), 2));
6      PShape tri = makeTriangle(); // 三角形を作る
7      tri.translate(v.x, v.y);
8      tri.rotate(PI * i);
9      tile.addChild(tri);    // 三角形をグループに加える
10   }
11 }
```

コード 10.11 では，createShape(GROUP) によって PShape 変数 tile を 6 つの三角形の「グループ」として定めます．これに addChild メソッドによってグループの要素である正三角形を加え，正三角形のグループを作ります．ここで正三角形を作る makeTriangle 関数（コード 10.12）を呼び出し，正六角形を分割する三角形を作ります．ここでは大きさ比率が図 10.8 となるように，正三角形の大きさを定めます．

コード 10.12：正三角形を作る関数　　TriangleTiling

```
1  PShape makeTriangle(){
2    PShape tri = createShape();
3    tri.beginShape();
4    for (int i = 0; i < 3; i++){
5      PVector v = PVector.fromAngle(2 * PI * i / 3 + PI / 2); //正三角形の頂点
6      v.mult(scalar / pow(sqrt(3), 2));
7      tri.vertex(v.x, v.y);
8    }
9    tri.endShape(CLOSE);
10   return tri;
11 }
```

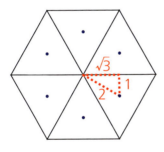

図 10.8：正六角形を分割する正三角形とその中心点

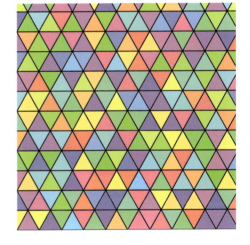

図 10.9：正三角形タイリング（TriangleTiling）

10.3 正六角形セルオートマトン

第7章で学んだ2次元セルオートマトンは，セルが正方形の場合を考えました．ここでセルをタイルと見なせば，これは正方形タイリング上のシステムだと考えることができます．これを拡張し，正六角形タイリング上のセルオートマトンを考えてみましょう．

正六角形タイリングの各タイルは六角格子の格子点と対応しているため，各格子点に対してその状態を決めれば，正六角形タイリングのセルの状態が定まります．ここで各セルに対し，隣接するセルの状態と遷移ルールに従った計算から，次の世代のセルの状態が決まります．セルが正方形の場合，1つのセルに対して辺で接するセルは4つですが，正六角形の場合，辺で接するセルは6つあります．この状況において，遷移ルールを考えてみましょう．

六角格子の格子点は，それを張るベクトル v_1, v_2 を使って $iv_1 + jv_2$（i, j は整数）と表すことができます．格子点 $iv_1 + jv_2$ に整数の組 (i, j) を割り当てれば，(i, j) に接するセルは $(i-1, j), (i, j-1), (i, j+1), (i+1, j), (i+1, j-1), (i-1, j+1)$ の6つです（図10.10）．セル (i, j) の状態を $x_{i,j}$ とし，隣接するセルの状態をすべて足して合同算術を行う総和則

$$x_{i,j} + x_{i-1,j} + x_{i,j-1} + x_{i,j+1} + x_{i+1,j} + x_{i+1,j-1} + x_{i-1,j+1} \mod m$$

に従って遷移してみましょう．

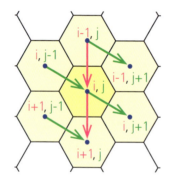

図 10.10：正六角形タイリングの隣接関係

コード 10.13：正六角形タイリング上のセルオートマトン　　HexCA

```
1  int[][] state = new int[num][num]; // セルの状態を表す行列
2  int mod = 10; // 法とする数
3  void setup(){
4    ...
5    initialize(); // 初期状態
6    makeHexVector();    // 六角格子を張るベクトルの生成
7    makeLattice(); // 格子点ベクトルを生成
8    makeHex(); // 正六角形タイルを生成
9    drawTiling(); // タイリングを描画
10 }
11 void draw(){
12   background(0, 0, 1);
13   int[][] nextState = new int[num][num]; // 次世代の行列
14   for (int i = 0; i < num; i++){
15     for (int j = 0; j < num; j++){
16       nextState[i][j] = transition(i, j); // 遷移
17     }
18   }
19   state = nextState; // 状態を更新
20   drawTiling();
21 }
```

まずセルオートマトンは初期状態を定める必要があります．コード 10.13 では initialize 関数で初期状態を定めます．ここで初期状態は中央のセルのみが 1 で他は 0 としましょう．第 7 章と同様に，セルの端は % 演算によってつながっているとし，行列（配列の配列）ですべてのセルの状態が表されているとします．描画ごとにセルの状態は遷移し，それが正六角形タイリングとタイルの色によって描かれます．

コード 10.14：状態を遷移する関数　　HexCA

```
1  int transition(int i, int j){
2    int d;
3    d = state[i][j] // 中央のセル
4      + state[(i - 1 + num) % num][j] // 上のセル
5      + state[(i - 1 + num) % num][(j + 1) % num] // 右上のセル
6      + state[i][(j + 1) % num] // 右下のセル
7      + state[(i + 1) % num][j] // 下のセル
8      + state[(i + 1) % num][(j - 1 + num) % num] // 左下のセル
9      + state[i][(j - 1 + num) % num]; // 左上のセル
10   d = d % mod;
11   return d;
12 }
```

図 10.11：正六角形セルオートマトン（HexCA: mod = 5）

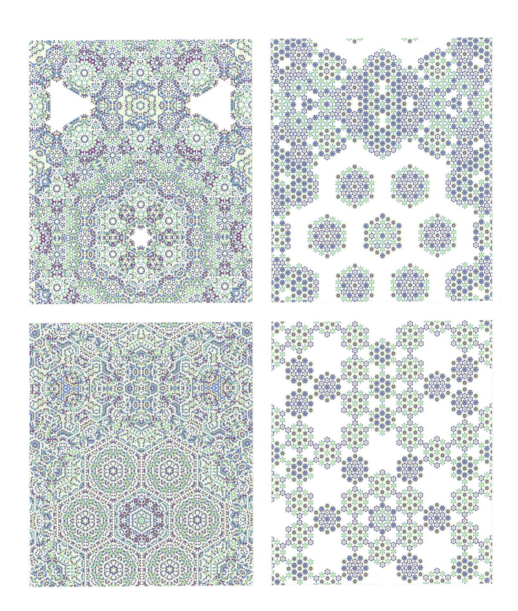

第 11 章 正則タイリングの変形

　前章で学んだ正則タイリングは，タイルどうしを接合したまま変形することにより，タイリングのバリエーションを作ることができます．この章では正則タイリングのパラメータ変形の手法について学びます．

この章のキーポイント

- 正則タイリングは各タイルの頂点の移動や辺の歪曲によって，異なるタイリングに変形することができる
- タイリングを保つ合同変換は群構造を持ち，そのタイプによって分類できる
- すべてのタイルがある固定した 1 枚のタイルをタイリングの合同変換群によって写して得られるとき，そのタイリングは等面タイリングと呼ばれる
- 等面タイリングは 93 種類に分類され，そのタイプによって変形が決まる
- 辺の変形に再帰性を持たせることにより，フラクタルな輪郭を持つタイリングができる

この章で使うプログラム

- TV08 CPS：頂点の移動による正六角形タイリングの変形
- IH41：正方形タイリングの辺を歪曲した等面タイリング
- IH01, IH02：正六角形タイリングの辺を歪曲した等面タイリング
- IH02TV08 CPS：正六角形タイリングの頂点を変形し，辺を歪曲した等面タイリング
- Koch：コッホ曲線の描画
- IH41Koch, IH01Koch, IH02TV08Koch：辺がコッホ曲線となるように変形した等面タイリング

11.1 頂点の移動による変形

　画像 11.1 の 2 つの長方形タイルのタイル張りを見てみましょう．この 2 つのタイリングは一見異なるように見えますが，実はある変形を施すと両方ともに正六角形タイリングに変形することができます．

画像 11.1：長方形によるタイル張り

　タイルの頂点を釘，タイルの辺は釘と釘の間を張ったゴムだと仮定してみましょう．このとき，釘を動かすと，それに従ってゴムは伸縮し，タイルは別の六角形へと変形します．このような変形をすべてのタイルに施せば，タイリング全体を変形することができます．ただし変形したものがタイリングであるためには，タイルどうしの接合を保ったままタイルを変形する必要があります．そのようにうまく頂点を移動して変形し，タイリングを作ってみましょう．画像 11.1 の 2 つのタイリングは，図 11.1 のように正六角形タイリングの頂点を移動して得られます．

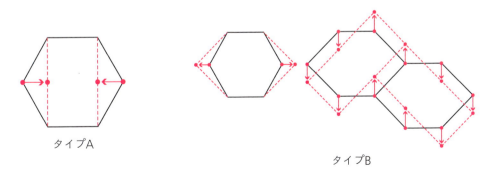

図 11.1：頂点の移動による長方形タイリング

controlP5 ライブラリを使って，このパラメータ変形を確かめてみましょう．

コード 11.1：正六角形タイリングの頂点移動による変形　　TV08

```
1   import controlP5.*;
2   ControlP5 cp5;
3   PVector[][] lattice; //格子
4   PShape tile; //タイル
5   PVector[] base = new PVector[2]; //格子を張るベクトル
6   int row = 10; //タイルの行の数
7   int col; //タイルの列の数
8   float scalar; //拡大倍率
9   color[][] tileColor; //タイルの色
10  float hor, ver; //水平方向，垂直方向へのずれの変数
11  void setup(){
12    size(500, 500);
13    colorMode(HSB, 1);
14    scalar = height * 1.0 / row;
15    controller(); //controlP5 コントローラの設定
16    makeHexVector(); // 六角格子を張るベクトルの生成
17    col = ceil(row / (base[1].x - 1.0 / sqrt(3))); //タイルの列の数を計算
18    setTileColor();    //タイルにランダムに色をセット
19  }
20  void draw(){
21    background(1, 0, 1);
22    deformLattice(); //格子の生成
23    deformHex(); //タイルの生成
24    drawTiling(); //タイリングを描画
25  }
```

コード 11.1 は前章の正六角形タイリング HexTiling を改変して作っています．変形のパラメータ hor は正六角形の頂点が水平方向に動く量，ver は垂直方向に動く量としています．頂点を水平に動かすと格子点も移動するため，hor に応じて格子点が動かす必要があります．makeLattice 関数（コード 10.8）を改変した deformLattice 関数（コード 11.2）で格子の位置をずらします．

コード 11.2：六角格子を変形する関数　　TV08

```
1   void deformLattice(){
2     ...
3         v.add(hor * scalar * j / sqrt(3), 0); //水平方向へ格子をずらす
4     ...
5   }
```

さらに makeHex 関数（コード 10.9）を改変した deformHex 関数（コード 11.3）で，正六角形タイルの各頂点をずらして変形します．

コード 11.3：正六角形タイルを変形する関数　📁 TV08

```
1   void deformHex(){
2     ...
3     for (int i = 0; i < 6; i++){
4       v[i] = PVector.fromAngle(2 * PI * i / 6); // 正六角形の頂点
5       v[i].mult(scalar / sqrt(3));
6       v[i] = parameterizeTV08(v, i); // 各頂点に対する変形
7     }
8     ...
9   }
10  PVector parameterizeTV08(PVector[] v, int i){
11    if(i % 3 == 0){
12      v[i].mult(1 + hor); // 垂直方向への頂点移動
13    }
14    if(i > 1 && i < 5){
15      v[i].add(0, -0.5 * ver * scalar/ sqrt(3)); // 水平方向への頂点移動
16    } else {
17      v[i].add(0, 0.5 * ver * scalar/ sqrt(3)); // 水平方向への頂点移動
18    }
19    return v[i];
20  }
```

図 11.1（タイプ B）見ると，頂点の垂直方向の移動は正六角形の左右によって逆向きに動きます．つまり正六角形タイルが右上がりに変形したならば，その右側に隣接する正六角形は左上がりに変形し，右側に隣接するタイルに移るたびに右上がり・左上がりを交互に繰り返します．このため，格子を張る 2 つのベクトルのうち，右方向へ移動するベクトルの移動に応じてタイルを鏡映変換します．

コード 11.4：タイリングを描画する関数　📁 TV08

```
1   void drawTiling(){
2     for (int i = 0; i < lattice.length; i++){
3       for (int j = 0; j < lattice[0].length; j++){
4         tile.resetMatrix(); // 変換を初期化
5         // タイルを鏡映してから移動
6         tile.translate(lattice[i][j].x, lattice[i][j].y); // 格子点ベクトルによる移動
7         tile.scale(pow(-1, j), 1); //j が奇数のとき，タイルを y 軸を中心に鏡映する
8         tile.setFill(tileColor[i][j]); // タイルの配色
9         shape(tile); // タイルの描画
10      }
11    }
12  }
```

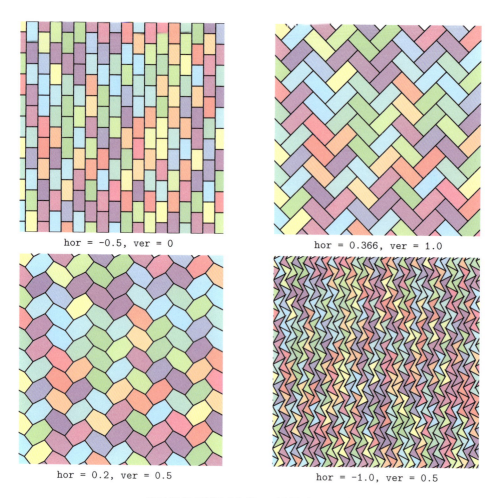

図 11.2：頂点移動によるパラメータ変形（TV08 CPS）

> **註 22 [タイリングの退化]** TV08 で，パラメータ変数 hor = 0 を固定し，ver の値を 0 から −1 に動かしてみましょう．すると ver = 0 では正六角形であったタイルが，数値を動かすことで横幅が徐々に収縮し，ver = −1 ではタイルが潰れて 2 つの正三角形となることが分かります．つまり正六角形タイリングを潰すことによって，正三角形タイリングが得られます．このように，パラメータ変形によってかたちが潰れる現象を退化と呼びます．潰れたタイリング（ver = −1）と潰れる一歩手前のタイリング（ver の値が −1 の近く）では，その対称性に関する群構造が異なります．つまり，退化によって別の構造を持つタイリングへと「ジャンプ」することができるのです．

11.1.1 タイリングの合同変換

正多角形を自分自身に移す合同変換を第 9 章で考えましたが，タイリングに対してその合同変換を考えてみましょう．この変形したタイリングでは，図 11.3（左）のようにある 1 つのタイルを直交する 2 方向へ平行移動しても，変換したタイルは別のタイルへ重なります．この平行移動をタイリング全体に施すと，タイルの移動はあっても，タイリング全体のかたちは保たれます．このような変換を**タイリングを保つ合同変換**と呼びます．

さらに図 11.3（中央・右）の変換もこのタイリングを保ちます．これは点線を軸として鏡映変換し，さらに平行移動をして得られた変換です．この変換を**すべり鏡映**（または並進鏡映）と呼びます．

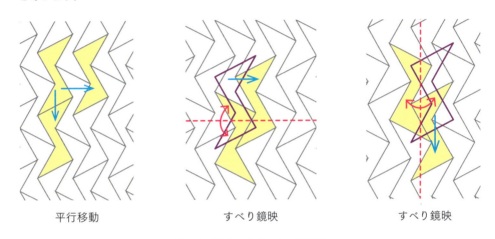

平行移動　　　　すべり鏡映　　　　すべり鏡映

図 11.3：変形したタイリングの合同変換

タイリングの対称性はその合同変換のなす群によって分類されており，図 11.3 のタイリングは直交する 2 方向の平行移動と 2 方向のすべり鏡映を持っていることから，**pgg** パターン[*1]と分類されます．この分類は第 12 章で扱う壁紙群と関係しています．

さらにこのタイリングは，タイルを 1 つ固定し，それを合同変換群で写すことによってすべてのタイルが得られます．このようなタイリングを**等面**（isohedral）**タイリング**と呼びます．等面タイリングは 93 種類に分類されており，［GS］の分類記法によるとこれは **IH09** タイリングに当たります．また等面タイリングの頂点移動による変形のタイプは［Kap］によって 43 種類に分類されており，この頂点移動による変形は **TV08** 変形に当たります．

[*1] g は glind reflection（鏡映）を意味します

11.2　エッシャーの技法

　タイリングの変形の手法は，20 世紀に活躍した版画家 M.C. エッシャーの作品でも取り入れられています．画像 11.2 はエッシャーのドローイング作品の 1 点です．エッシャーの作品は技巧的で緻密なものが多いですが，この作品は簡素にスケッチされたドローイング作品であり，そこには下書きと思われる補助線も残っています．この中にエッシャーのアイデアの素が隠されています．

画像 11.2：M.C. Escher's "Symmetry Drawing E02" © 2018 The M.C. Escher Company-The Netherlands. All rights reserved. www.mcescher.com

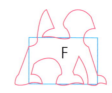

図 11.4：長方形タイルの変形

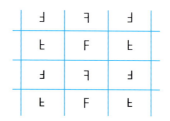

図 11.5：タイルの向きとタイリング

　この作品では尾を立てた獅子によって平面が埋め尽くされていますが，色を無視すれば，これは獅子をタイルとしたタイリングと見ることができます．この補助線で囲まれた長方形に注目してみましょう．この獅子のタイルは図 11.4 のように長方形の変形によって得られ，その獅子の向きを変えながら，図 11.5 のようにタイリングすることによって絵が構成されています．またこのタイリングは図 11.6 のように 180°回転とすべり鏡映に関する対称性を持っており，等面タイリングであることが分かります．

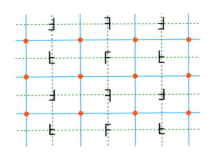

図 11.6：タイリングの対称性（180°回転 / すべり鏡映）

このように等面タイリングの辺をうまく歪曲することにより，様々なタイリングのバリエーションを作ることができます．ここでタイリングの対称性を保ったまま変形するには，タイルの辺を歪曲させたときに，合同変換したタイルの対応する辺も同時に歪曲し，なおかつ共有する辺の接合を保ったまま歪曲する必要があります．このような等面タイリングの変形について考えてみましょう．

11.2.1　正方形タイリングの変形

正方形タイリングの各タイルが図 11.7 のような向きで並んでいると仮定します．このタイルどうしの接合を保ったまま，タイルの辺を変形する方法を考えてみましょう．この等面タイリングは IH41 タイリングと分類されています．

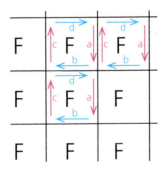

図 11.7：正方形タイリングの変形（IH41 タイリング）

各正方形の辺を a, b, c, d とラベル付けし，それぞれは時計回りに向き付けされているとします．図 11.7 より，隣接するタイルとは，辺 a と c，辺 b と d の組み合わせで接触しています．タイリングの接合を保ったまま変形するには，それぞれの対応する辺と向きが同じように変形する必要があります．つまり a と b の変形が決まれば，それに従って c と d の変形も決まります．これをコーディングしてみましょう．

コード 11.5：正方形タイリングの変形　　IH41

```
1   PVector[][] lattice; // 格子のための変数
2   PShape tile; // 正方形タイルのための変数
3   int num = 10; // 行の数
4   PVector[] base = new PVector[2]; // 格子を張るベクトル
5   float scalar; // 正方形タイルの辺の長さ
6   void setup(){
7     size(500, 500, P2D);
8     colorMode(HSB, 1);
9     scalar = height * 1.0 / num;
10    makeSqVector();
11    makeSqLattice(); // 格子点ベクトルを生成
12    deformSquare();   // 正方形タイルを生成
13    drawTiling(); // タイリングを描画
14  }
```

前章の正方形タイリング SquareTiling の makeSquare 関数（コード 10.4）を正方形を変形する deformSquare 関数（コード 11.6）に書き換えます．

コード 11.6：正方形タイルを変形する関数　　IH41

```
1   void deformSquare(){
2     PVector[] v = new PVector[4];
3     for (int i = 0; i < 4; i++){
4       v[i] = PVector.fromAngle(2 * PI * (i + 0.5) / 4); // 正方形の頂点
5       v[i].mult(scalar / sqrt(2));
6     }
7     tile = createShape();
8     tile.beginShape();
9     float[][] rand = new float[2][2];
10    for (int i = 0; i < 2; i++){ // ベジエ曲線の制御点生成のための乱数
11      rand[i][0] = random(-1, 1);
12      rand[i][1] = random(-1, 1);
13    }
14    tile.vertex(v[0].x, v[0].y); //1 つ目の制御点
15    for (int i =0; i < 4; i++){ //4 つの辺をベジエ曲線にする
16      PVector[] w = parameterizeIH41(v, i, rand); // 制御点の生成
17      tile.bezierVertex(w[0].x, w[0].y, //2 つ目の制御点
18        w[1].x, w[1].y, //3 つ目の制御点
19        v[(i + 1) % 4].x, v[(i + 1) % 4].y); //4 つ目の制御点
20    }
21    tile.endShape(CLOSE);
22  }
```

コード 11.6 ではベジエ曲線を使って辺を歪曲します．正方形の各頂点の辺から parameterizeIH41 関数（コード 11.7）によってベジエ曲線の制御点を取ります．

コード 11.7：ベジエ曲線の制御点を取る関数　　　IH41

```
1  PVector[] parameterizeIH41(PVector[] v, int i, float[][] rand){
2    PVector[] w = new PVector[2];
3    for (int j = 0; j < 2; j++){
4      w[j] = PVector.sub(v[(i + 1) % 4], v[i]); // ベジエ曲線の始点から終点までのベクトル
5      w[j].mult(pow(-1, j)); //j=1 ならば始点と終点を入れ替える
6      // 中間の制御点を取るためのランダムな回転
7      if(i < 2){
8        w[j].rotate(rand[i % 2][j % 2] * PI / 4);
9      } else {
10       w[j].rotate(rand[i % 2][(j + 1) % 2] * PI / 4);
11     }
12     w[j].add(v[(i + j) % 4]);
13   }
14   return w; //3次ベジエ曲線の4つの制御点のうち，中間の2点を返す
15 }
```

正方形タイルの辺を時計回りに a, b, c, d とラベル付けしたとき，辺 a を図 11.8 のようにベジエ曲線で描いています．このコードでは，制御点 1 と 2 はランダムな数値の配列 rand によって回転して取得しています．辺 a と接する辺 c は，図 11.8 のように a の曲線に沿って制御点を取ります．辺 b，およびそれと接合する辺 d も同様にして制御点を取ります．

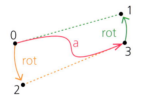 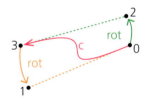

図 11.8：IH41 タイリングで接合する 2 辺のベジエ曲線と制御点の取り方

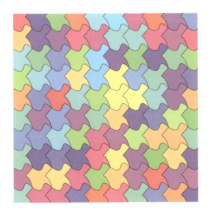 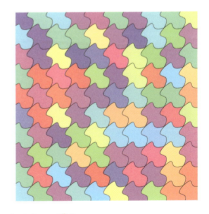

図 11.9：辺の歪曲によるタイリングの変形（IH41　　）

11.2.2 正六角形タイリングの変形

■ IH01 タイリング

　正六角形タイリングの各タイルが図 11.10 のような向きで並んでいると仮定し，IH41 と同様にタイルの辺を変形してみましょう．この等面タイリングは **IH01** タイリングと分類されています．

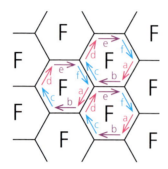

図 11.10：正六角形タイリングの変形（IH01 タイリング）

　正六角形タイルの辺を時計回りに a, b, c, d, e, f とラベル付けすれば，図 11.10 よりその各辺はそれぞれ辺 a と d，辺 b と e，辺 c と f の組み合わせで接合しています．ゆえに a, b, c の変形に従って d, e, f も変形します．これは正六角形タイリングの `makeHex` 関数（コード10.9）を改変し，コード 11.7 と同様に `parameterizeIH01` 関数（コード 11.8）によってベジエ曲線の制御点を取ります．

コード 11.8：ベジエ曲線の制御点を取る関数　　IH01

```
1  PVector[] parameterizeIH01(PVector[] v, int i, float[][] rand){
2    PVector[] w = new PVector[2];
3    for (int j = 0; j < 2; j++){
4      w[j] = PVector.sub(v[(i + 1) % 6], v[i]); //ベジエ曲線の始点から終点までのベクトル
5      w[j].mult(pow(-1, j)); //j=1 ならば始点と終点を入れ替える
6      if (i < 3){
7        w[j].rotate(rand[i % 3][j % 2] * PI / 3);
8      } else {
9        w[j].rotate(rand[i % 3][(j + 1) % 2] * PI / 3);
10     }
11     w[j].add(v[(i + j) % 6]);
12   }
13   return w; //3次ベジエ曲線の 4 つの制御点のうち，中間の 2 点を返す
14 }
```

　コード 11.8 では，図 11.8 での辺 a, c に対するベジエ曲線生成プロセスを，辺 a, d に対して行います．同様にして，他の辺も配列 `rand` から変形します．

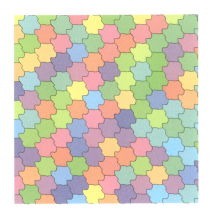 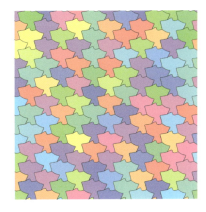

図 11.11：辺の歪曲によるタイリングの変形（IH01）

■ IH02 タイリング

　IH01 タイリングはタイルがすべて同じ向きに並んでいましたが，図 11.12 のように部分的に向きをひっくり返してタイリングしてみましょう．IH01 と IH41 は平行移動に関する対称性しか持っていませんでしたが，このタイリングはすべり鏡映に関する対称性も持つことが分かります．この等面タイリングは IH02 タイリングと分類されています．

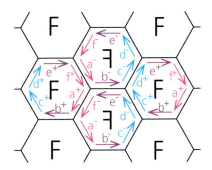

図 11.12：正六角形タイリングの変形（IH02 タイリング）

　正しい向きの正六角形（F）では，ラベル付けされた辺 a, b, c, d, e, f は時計回りに向き付けされていますが，ひっくり返した正六角形（Ⅎ）では辺の向き付けが逆になります．ここで正しい向きの辺の方向には "＋"，逆向きの方向の辺には "－" を添え字として付け加えることにしましょう．このとき，正しい向きのタイルは隣接するタイルと，辺 $a^{\pm}$ と $f^{\mp}$，辺 $b^{\pm}$ と $e^{\pm}$，辺 $c^{\pm}$ と $d^{\mp}$ の組み合わせで接合しています．これらは同じ符号どうしならば互い違いの向きに，異なる符号どうしなら同じ向きで接合しています．この対応に合わせてタイリングを変形させてみましょう．コード 11.8 の 6 〜 10 行目での制御点の取り方を変えて，このタイルの変形を作ります．

コード 11.9：ベジエ曲線の制御点を取る関数　　IH02

```
1  PVector[] parameterizeIH02(PVector[] v, int i, float[][] rand){
2    ...
3      // 中間の制御点を取るためのランダムな回転
4      if (i < 3){
5        w[j].rotate(rand[i][j] * PI / 3);
6      }else if (i != 4){
7        w[j].rotate(-rand[5 - i][j] * PI / 3);
8      } else {
9        w[j].rotate(rand[5 - i][(j + 1) % 2] * PI / 3);
10     }
11   ...
12 }
```

この正六角形タイルは，辺 a^+ に辺 f^- が対応し，それをひっくり返して辺 f^+ が得られます（図11.13）．同様にして，辺 b^+ から e^+，辺 c^+ から d^+ が得られます．

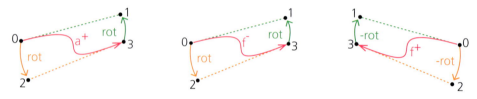

図 11.13：IH02 タイリングで接合する 2 辺のベジエ曲線と制御点の取り方

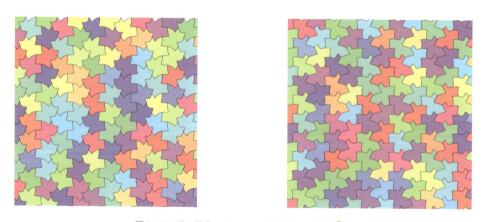

図 11.14：辺の歪曲によるタイリングの変形（IH02）

■ IH02 タイリング＋TV08 変形

IH02 タイリングは前節の TV08 変形が可能です．parameterizeIH02 関数（コード 11.9）と parameterizeTV08 関数（コード 11.3）を併せて，正六角形タイルを変形してみましょう．

図 11.15：辺の歪曲と頂点の移動によるタイリングの変形（IH02TV08 CPS）

課題 * 11.1 図11.5のタイリングの辺を変形して，エッシャーの絵（画像11.2）と同じ対称性を持つ等面タイリングをプログラミングせよ．

11.3 フラクタルタイリング

第7章で見たシェルピンスキーのギャスケットのように，フラクタル図形は再帰的な操作によって描画することができました．これをタイリングに適用すると，フラクタルな輪郭を持つタイルによってタイリングすることができます．ここでは**コッホ曲線**と呼ばれるフラクタル図形を導入し，コッホ曲線を辺に持つタイリングを作ります．

11.3.1 コッホ曲線

コッホ曲線は「線分を折れ曲がった線分で置き換える」という操作を繰り返すことによって得られる曲線です．この操作は，始点 S と終点 E が与えられた線分 SE に対し，次のステップによって得られます．

コッホ曲線の繰り返し操作

1. 線分 SE 上に SE を 3 等分する点 A, B を取る
2. 点 A, B を頂点とする正三角形を 1 つ取り，その A, B と異なる頂点を点 C とする（C の取り方は SE の方向に対して 2 通りあるが，1 つに定める）
3. 線分 SE を点 S, A, C, B, E を順につないで作った折れ曲がった線分と置き換える

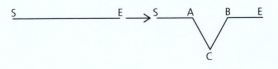

この操作をまず線分に対して施します．そうすると，4つの線分をつなぎ合わせて作った折れ曲がった線分が得られますが，この4つの線分に対しても同様に上の操作を施します．これを繰り返して得られる曲線がコッホ曲線です（図 11.16）．コッホ曲線も，他のフラクタル図形を同じように，部分を拡大しても相似なかたちが表れる自己相似性を持っています．コッホ曲線は繰り返し操作を関数の形で記述し，それを再帰的に処理することで描画することができます．

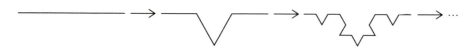

図 11.16：コッホ曲線

コード 11.10：コッホ曲線　　Koch

```
1  PShape crv;
2  PVector v1 = new PVector(0, 250); // 始点
3  PVector v2 = new PVector(500, 250); // 終点
4  int upperLimit = 0; // 操作の繰り返し回数の上限
5  void setup(){
6    size(500, 500);
7    colorMode(HSB, 1);
8    background(1, 0, 1);
9    drawCurve(); // コッホ曲線の描画
10 }
11 void drawCurve(){
12   crv = createShape();
13   crv.beginShape();
14   makeKoch(v1, v2, 0); // コッホ曲線の頂点を与える
15   crv.endShape();
16   shape(crv);
17 }
```

　コード 11.10 では繰り返し処理回数の上限 (upperLimit) までコッホ曲線の再帰処理を行います．ここではマウスをクリックするごとに upperLimit を増やします．makeKoch 関数（コード 11.11）ではコッホ曲線の頂点を再帰的に取り，crv に入力します．ただし再帰処理は指数関数的に処理回数が増える（いまの場合繰り返し回数を増やすごとに 4 倍される）ため，コード 11.11 の 2 行目では繰り返し回数の上限を 5 回としています．

コード 11.11：コッホ曲線の頂点を与える関数　　Koch

```
1   void makeKoch(PVector startPt, PVector endPt, int itr){
2     if (itr == upperLimit || itr > 5){ // 繰り返しの上限を超えた場合は線分を描画
3       crv.vertex(startPt.x, startPt.y);
4       crv.vertex(endPt.x, endPt.y);
5       return;
6     }
7     PVector[] v = new PVector[5];
8     PVector dir = PVector.sub(endPt, startPt); // 始点から終点へ向かう方向
9     dir.mult(1.0 / 3);
10    PVector slope = dir.copy();
11    slope.rotate(PI / 3); // 三角形の頂点への方向
12    v[0] = startPt; // 始点
13    v[1] = PVector.add(startPt, dir); // 始点に近い山のふもとの点
14    v[2] = PVector.add(v[1], slope); // 山頂の点
15    v[3] = PVector.sub(endPt, dir); // 終点に近い山のふもとの点
16    v[4] = endPt; // 終点
17    itr++;
18    for (int i = 0; i < 4; i++){
19      makeKoch(v[i], v[i+1], itr); // 再分割
20    }
21  }
```

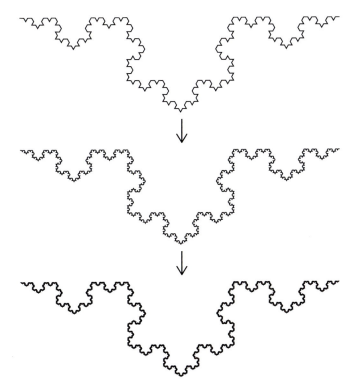

図 11.17：コッホ曲線（Koch）

11.3.2 コッホタイリング

等面タイリングの辺の変形をコッホ曲線生成の操作によって変形すれば，コッホ曲線を辺とするタイリングを作ることができます．このようなタイリングを**コッホタイリング**と呼びます．前節の辺の変形のプログラムにコッホ曲線を描く関数を加え，コッホタイリングをコーディングしてみましょう．

コッホ曲線は山の出っ張り方に応じて，凹凸の向きがあります．コッホタイリングを作るためには，接する辺の凹凸を合わせる必要があります．IH41 タイリング（図 11.7）では辺 a, b の凹凸の向きに対し，辺 c, d はそれと逆向きにする必要があり，IH01 タイリング（図 11.10）では辺 a, b, c の凹凸の向きに対し，辺 d, e, f はそれと逆向きにする必要があります．また IH02 タイリング（図 11.12）では，辺 a^+, c^+ の凹凸の向きに対して辺 f^-, d^- は同じ向きに，辺 b^+ の凹凸の向きに対して辺 e^+ はその逆向きする必要があります．さらに辺 f^-, d^- の凹凸の向きに対し，辺 f^+, d^+ は逆向きにする必要があります．コード 11.11 の引数に凹凸の向きを定める論理型変数を加え，コッホ曲線を等面タイリングに組み込んでみましょう．

コード 11.12：コッホタイリング　　IH41Koch, IH01Koch, IH02TV08Koch

```
void makeKoch(PVector startPt, PVector endPt, int itr, boolean conv){
  ...
  if (conv){ //コッホ曲線の凹凸の設定
    slope.rotate(PI / 3); //始点から終点に向かって時計回りに凸
  } else {
    slope.rotate(-PI / 3); //始点から終点に向かって反時計回りに凸
  }
  ...
}
```

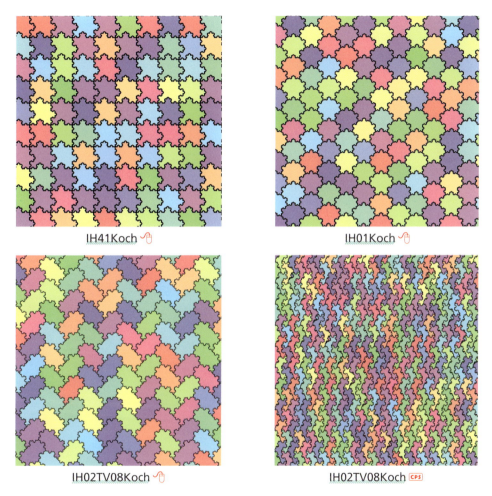

図 11.18：コッホタイリング

第12章 周期性と対称性を持つ模様

　正則タイリングのタイル上に模様をつけてみましょう．うまく対称性を持つようにタイルの模様を作れば，タイリング全体に周期性と対称性を併せ持つ模様を作ることができます．この章では正六角形タイリングを応用し，六角格子の周期性と対称性を持つ模様を作ります．

この章のキーポイント

- 2方向の平行移動に関する周期性を持つ模様の合同変換群は壁紙群と呼ばれ，17種類に分類できる
- 壁紙群の基本領域上に模様を作れば，それを壁紙群に従ってコピーすることで，周期性と対称性を併せ持つ模様を作ることができる
- 六角格子の周期性を持つ模様は5つのパターン (p3m1, p3, p31m, p6, p6m) に限られる

この章で使うプログラム

- P3M1, P3, P31M, P6, P6M：対応するパターンの模様を生成する

12.1　万華鏡

　万華鏡を覗いてみましょう．一般的な万華鏡は鏡が正三角形に沿って合わさっていますが，底にあるビーズなどの模様がその合わせ鏡によって反射することにより，視界いっぱいに広がる模様を作っています．つまり，これは正三角形上の模様を鏡映変換によってコピーしてできる模様です．

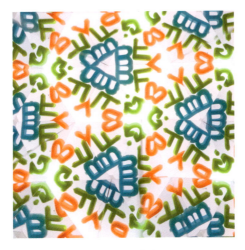
図 12.1：万華鏡

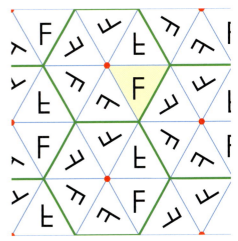
図 12.2：万華鏡の模様の構造

　この万華鏡の模様の構造を考えてみましょう．図 12.2 のように補助線を引けば，正三角形上の模様は鏡映によって正六角形上の模様を作ることが分かります．またこの正六角形を模様つきタイルとしてタイリングしたものが万華鏡の模様であることが分かります．このことから，万華鏡の模様は次のステップによって作ることができます．

1. 正三角形上に模様を作る（図 12.2：黄色の領域）
2. 模様付き正三角形の鏡映コピーによって，正六角形上の模様を作る（図 12.2：緑色で囲まれた領域）
3. 模様付き正六角形を六角格子に従ってタイリングする（図 12.2：赤色の点が格子点）

　何か適当な画像を用意し，それを上のステップに従って操作して模様を作るプログラムを作ってみましょう．第 10 章の正三角形タイリング TriangleTiling を改変し，makeHexTriangle 関数（コード 10.11）を makePatternP3M1 関数（コード 12.1）に書き換えます．

第 12 章　周期性と対称性を持つ模様　　**247**

コード 12.1：万華鏡の正六角形部分の模様を作る関数　📁 P3M1

```
1  void makePatternP3M1(){
2    tile = createShape(GROUP); //PShape のグループを作る
3    // float gap = random(0.01, 0.5); // 再帰的な正三角形を作るパラメータ
4    for (int i = 0; i < 2; i++){
5      for (int j = 0; j < 3; j++){
6        PShape tri = makeTriangle(); // 正三角形上の模様の読み込み
7        // PShape tri = makeRecurTriangle(gap); // 再帰的な正三角形の生成
8        tri.scale(1, pow(-1, i)); //x 軸を中心に鏡映
9        tri.rotate(2 * PI * j / 3); //120 度回転
10       tile.addChild(tri); // グループに追加
11     }
12   }
13 }
```

コード 12.2 では正三角形上の模様として "Hello World" 画像を読み込みます．図 12.3 から分かるように，この模様は正三角形を基本領域とし，それを合同変換によってコピーすることによって全体の模様が得られます．

コード 12.2：正三角形部分を読み込む関数　📁 P3M1

```
1  PShape makeTriangle(){
2    PShape tri = loadShape("HelloWorld.svg"); // 画像の読み込み
3    return tri;
4  }
```

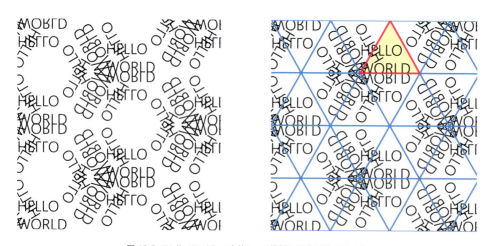

図 12.3："Hello World" の変換による模様と基本領域 (P3M1)

12.1.1 壁紙群

万華鏡の模様を保つ合同変換全体について考えてみましょう．この模様は六角格子の平行移動に関する周期性を持っています．さらに図 12.2 の赤色の点を 1 つ固定すれば，それを動かさない合同変換は 120°の回転と鏡映から生成されています．つまりこれは二面体群 D_3 の構造を持っています．このように格子による平行移動の分を「無視」してできる群を**点群**と呼びます．

一般に模様を保つ合同変換群が 2 方向の格子による周期性を持ち，さらに点群が有限個の元からなるとき，それは**壁紙群**と呼ばれます．織りの反復模様やタイリングにあらわれる 2 方向の**周期性を持つ模様は**，**壁紙群によって 17 種類に分類できる**ことが知られています．第 8 章と第 11 章で言及した pmm, p4m, pgg のパターンは，この壁紙群の分類によるものです．万華鏡の模様は p3m1 パターンと分類されています．

第 9 章では二面体群とその基本領域を考えましたが，壁紙群の場合も同様に基本領域が存在します．p3m1 パターンの場合は正三角形が基本領域であり（図 12.3），それを壁紙群に従ってコピーすることによって全体の模様が得られます．第 6 章で作った再帰的な三角形の描画によって基本領域上の模様を作り，それをタイリングしてみましょう．コード 12.1 の 6 行目をコメントアウト，3 行目と 7 行目をアンコメントし，以下の `makeRecurTriangle` 関数を呼び出します．

コード 12.3：再帰的な正三角形を描く関数　　P3M1

```
1  PShape makeRecurTriangle(float gap){
2    PVector[] v = new PVector[3]; // 正三角形の頂点
3    v[2] = new PVector(0, 0);
4    for (int i = 0; i < 2; i++){
5      v[i] = PVector.fromAngle(i * PI / 3);
6      v[i].mult(scalar / sqrt(3));
7    }
8    PShape tri = createShape();
9    tri.beginShape(TRIANGLES); //3 点ずつの頂点から三角形を作る
10   while (v[0].dist(v[1]) > 1){
11     for(int i = 0; i < 3; i++){
12       tri.vertex(v[i].x, v[i].y);
13     }
14     v = getVector(v, gap); //gap の分だけずらした正三角形の頂点を取得
15   }
16   tri.endShape();
17   return tri;
18 }
```

課題 * 12.1　p3m1 パターンは，鏡映とは別に 3 方向のすべり鏡映に関する対称性を持っている．それらのすべり鏡映の軸を図12.2に書け．

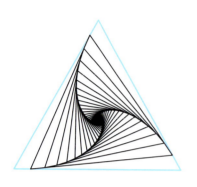

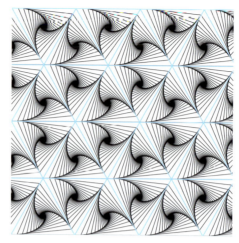

図 12.4：正三角形基本領域上の模様　　　図 12.5：p3m1 パターン（P3M1）

12.2　六角格子の周期性を持つ模様

　17 種類の壁紙群のうち，六角格子の周期性を持つものは 5 パターンに限られています．これらは p3m1 の場合と同様に，第 10 章の正三角形タイリングのコードを改変し，作ることができます．p3m1 以外の残りの 4 パターンについて，その作り方と合同変換の性質を見てみましょう．

12.2.1　p3 パターン

　図 12.6 のようにひし形を 120°ずつ回転して正六角形を作り，さらにそれを正六角形タイリングしたものを考えてみましょう．このひし形上に模様を作り，合同変換によって模様をコピーすれば，平面全体に模様を作ることができます．この模様は **p3** パターンと分類されています．図 12.6 の赤色の点を固定する合同変換群は 120°回転からなることから，この点群は巡回群 C_3 です．

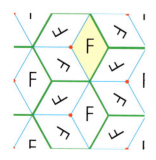 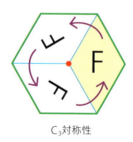

C_3 対称性

図 12.6：p3 パターンの構成

p3 パターンは次のステップでコーディングします．

1. ひし形基本領域上の模様を作る（makeRhomb 関数）
2. 模様付きひし形の回転コピーによって正六角形を作る（makePatternP3 関数）
3. 模様付き正六角形を六角格子に従ってタイリングする（drawTiling 関数）

コード 12.4：正六角形上の C_3 対称模様を作る関数　📄 P3

```
1  void makePatternP3(){
2    tile = createShape(GROUP);
3    float[] rand = new float[4];
4    for (int i = 0; i < 4; i++){
5      rand[i] = random(-1, 1); // ベジエ曲線の制御点に関するランダム変数
6    }
7    for (int i = 0; i < 3; i++){
8      PShape rhomb = makeRhomb(rand);
9      rhomb.rotate(2 * PI * i / 3); // ひし形の120度回転
10     tile.addChild(rhomb);
11   }
12   tile.setFill(color(random(1), 1, 1));
13 }
```

コード 12.5：ひし形基本領域上の模様を作る関数　📄 P3

```
1  PShape makeRhomb(float[] rand){
2    PVector[] v = new PVector[2]; // ひし形の長い対角線の端点
3    for (int i = 0; i < 2; i++){
4      v[i] = PVector.fromAngle(2 * PI * i / 3);
5      v[i].mult(scalar / sqrt(3));
6    }
7    PVector[] ctr = new PVector[4]; // ベジエ曲線の制御点
8    for (int i = 0; i < 4; i++){
9      ctr[i] = PVector.sub(v[(i + 1) % 2], v[i % 2]);
10     ctr[i].rotate(rand[i] * PI / 3); // ランダムな回転によって制御点を取る
11     ctr[i].add(v[i % 2]);
12   }
13   PShape rhomb = createShape();
14   rhomb.beginShape();        // ひし形の端点をつなぐ２つのベジエ曲線の生成
15   rhomb.vertex(v[0].x, v[0].y); //1番目の制御点
16   rhomb.bezierVertex(ctr[0].x, ctr[0].y, //2番目の制御点
17     ctr[1].x, ctr[1].y, //3番目の制御点
18     v[1].x, v[1].y); //4番目の制御点（次のベジエ曲線の１番目の制御点）
19   rhomb.bezierVertex(ctr[3].x, ctr[3].y, //2番目の制御点
20     ctr[2].x, ctr[2].y, //3番目の制御点
21     v[0].x, v[0].y); //4番目の制御点
22   rhomb.endShape();
23   return rhomb;
24 }
```

コード 12.5 でのベジエ曲線による模様は，制御点を図 12.7 のような順序によって取っています．

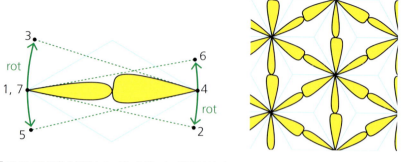

図 12.7：ひし形基本領域上のベジエ曲線による模様と制御点　　図 12.8：タイリング

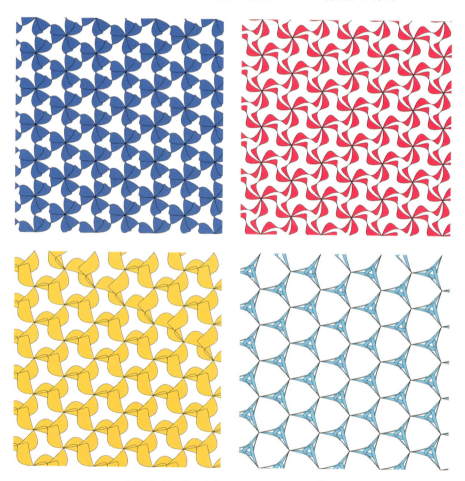

図 12.9：ランダムに生成された p3 パターン（P3 🖱）

12.2.2 p31m パターン

図 12.10 のように正三角形を 3 つの二等辺三角形に分割してみましょう．この 3 つの部分のうち 1 つに模様を作り，それを 120°回転コピーして正三角形を作ります．この正三角形を，万華鏡の p3m1 パターンと同様に鏡映・平行移動コピーして得られる模様は **p31m** パターンと分類されています．点群は p3m1 と同じく D_3 ですが，合同変換である鏡映変換の軸と平行移動の方向（図 12.10 青矢印）の位置関係が p3m1 と異なります．

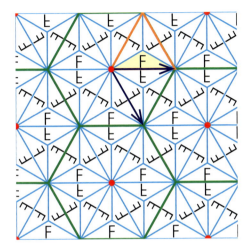
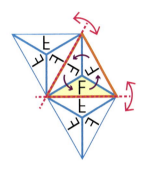

正三角形のC_3対称性と
正六角形のD_3対称性

図 12.10：p31m パターンの構成

p31m パターンは次のステップでコーディングします．

1. $(120°, 30°, 30°)$ の二等辺三角形上の模様を作る（makeLine 関数，makeCurve 関数）
2. 模様付き二等辺三角形の回転コピーによって正三角形上の模様を作る（makeTriangle 関数）
3. 模様付き正三角形の回転コピーによって正六角形上の模様を作る（drawPatternP31M関数）
4. 模様付き正六角形を六角格子に従ってタイリングする（drawTiling 関数）

コード 12.6：正六角形上の D_3 対称模様を作る関数　📁 P31M

```
void makePatternP31M(){
  tile = createShape(GROUP);
  float[] rand = new float[4];
  for (int i = 0; i < 4; i++){
    rand[i] = random(-1, 1); // 模様のためのランダム変数
  }
  color col1 = color(random(1), 1, 1); // 直線模様のためのカラー変数
  color col2 = color(random(1), 1, 1); // 曲線模様のためのカラー変数
  for (int i = 0; i < 2; i++){
    for (int j = 0; j < 3; j++){
      PShape tri = makeTriangle(rand, col1, col2);
```

```
12        tri.scale(1, pow(-1, i)); //x軸を中心に鏡映
13        tri.rotate(2 * PI * j / 3); //120 度回転
14        tile.addChild(tri);
15      }
16    }
17  }
```

コード 12.7：正三角形上の C_3 対称模様を作る関数数　　P31M

```
1  PShape makeTriangle(float[] rand, color col1, color col2){ // 正三角形部分の模様
2    PShape tri = createShape(GROUP); // 正三角形を構成するグループ
3    for (int i = 0; i < 3; i++){
4      PShape pat = makeLine(rand); // 直線模様の生成
5      pat.setFill(col1);
6      pat.rotate(2 * PI * i / 3); //120 度回転
7      tri.addChild(pat); // グループに追加
8    }
9    for (int i = 0; i < 3; i++){
10     PShape pat = makeCurve(rand); // 曲線模様の生成
11     pat.setFill(col2);
12     pat.rotate(2 * PI * i / 3); //120 度回転
13     tri.addChild(pat); // グループに追加
14   }
15   PVector v = PVector.fromAngle(-PI / 6);
16   v.mult(scalar / 3);
17   tri.translate(v.x, v.y); // 模様の位置をずらす
18   return tri;
19 }
```

二等辺三角形上の模様は，図 12.11 のようにベジエ曲線（makeCurve 関数）と直線（makeLine 関数）を重ねて描画し，それを図 12.12 のようにタイリングしています．

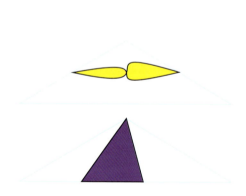

図 12.11：二等辺三角形基本領域上の 2 種類の模様

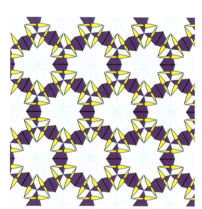

図 12.12：タイリング

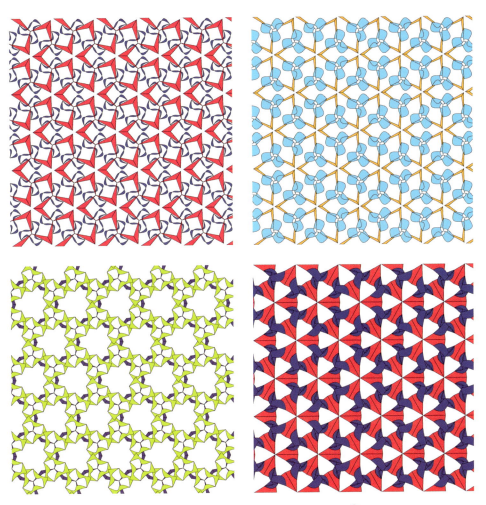

図 12.13: ランダムに生成された p31m パターン（P31M ）

課題 * 12.2　p31m パターンは，鏡映とは別に 3 方向のすべり鏡映に関する対称性を持っている．図 12.10 にそれらのすべり鏡映の軸を書け．

12.2.3 p6 パターン

正三角形上に模様を作り，その1つの頂点を中心として60°ずつ模様の回転コピーを取れば，正六角形上の模様が得られます．これを正六角形タイリングして得られる模様は **p6** パターンと分類されています．p6 パターンの壁紙群は正三角形を基本領域とし，巡回群 C_6 を点群とする群です．

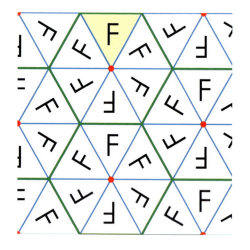

C_6 対称性

図 12.14：p6 パターンの構成

p6 パターンは次のステップでコーディングします．

1. 正三角形上の模様を作る（`makeTriangle` 関数）
2. 模様付き正三角形の回転コピーによって正六角形上の模様を作る（`makePatternP6` 関数）
3. 模様付き正六角形を六角格子に従ってタイリングする（`drawTiling` 関数）

コード 12.8：正六角形上の C_6 対称模様を作る関数　P6

```
1   void makePatternP6(){
2     tile = createShape(GROUP);
3     float[] rand = new float[4];
4     for (int i = 0; i < 4; i++){
5       rand[i] = random(-1, 1); //ベジエ曲線の制御点に関するランダム変数
6     }
7     for (int i = 0; i < 6; i++){
8       PShape tri = makeTriangle(rand);
9       tri.rotate(2 * PI * i / 6); //60°回転
10      tile.addChild(tri);
11    }
12  }
```

makeTriangle 関数では，図 12.15 のように正三角形基本領域上の模様を作っています．

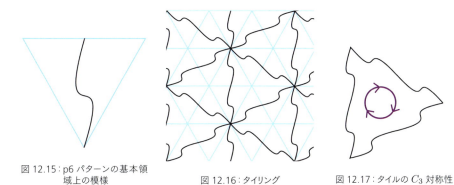

図 12.15：p6 パターンの基本領域上の模様

図 12.16：タイリング

図 12.17：タイルの C_3 対称性

■ IH90 タイリング

p6 で作った模様は，曲線を輪郭線と見なせば，正三角形タイリングの辺を変形したタイリングと見なすことができます．さらにこのタイリングのタイルを 1 つ固定すれば，すべてのタイルはこの合同変換から得られる等面タイリングであるということが分かります．この等面タイリングは **IH90** タイリングと分類されています．IH90 タイリングは，タイル自体も対称性を持っています．実際，正三角形の中心点に関する 120°の回転対称性を持っています（図 12.17）．

図 12.18：ランダムに生成された p6 パターン，または IH90 タイリング（P6 🖱）

課題 * 12.3 p6 パターンは，60°回転とは別に 180°回転と 120°回転に関する対称性を持っている．それらの回転対称の中心点を図 12.14 に書け．

12.2.4 p6mパターン

第9章では二面体群 D_n の対称性を持つ正 n 角形上の模様を考えました．この手法によって正六角形上に D_6 対称模様を作り，タイリングして模様を作ってみましょう．この模様は **p6m** パターンと分類されています．この壁紙群は，図 12.19 のように正三角形を二等分した直角三角形を基本領域とし，点群が二面体群 D_6 であるような群です．

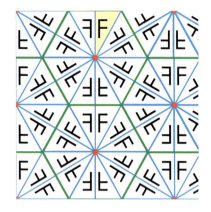 

D_6 対称性

図 12.19：p6m パターンの構成

p6m パターンは次のステップでコーディングします．

1. $(90°, 30°, 60°)$ の直角三角形上の模様を作る（`makeTriangle` 関数）
2. 模様付き直角三角形の回転コピー，および鏡映コピーによって正六角形上の模様を作る（`makePatternP6M` 関数）
3. 模様付き正六角形を六角格子に従ってタイリングする（`drawTiling` 関数）

コード 12.9：正六角形上の D_6 対称模様を作る関数　　P6M

```
1   void makePatternP6M(){
2     tile = createShape(GROUP);
3     float[] rand = new float[4];
4     for (int i = 0; i < 4; i++){
5       rand[i] = random(-1, 1); // ベジエ曲線の制御点に関するランダム変数
6     }
7     for (int i = 0; i < 2; i++){
8       for (int j = 0; j < 6; j++){
9         PShape tri = makeTriangle(rand); // 直角三角形上の曲線模様をランダムに生成
10        tri.scale(1, pow(-1, i)); //x軸を中心に鏡映
11        tri.rotate(2 * PI * j / 6); //60 度回転
12        tile.addChild(tri); // グループに追加
13      }
14    }
15    tile.setFill(color(random(1), 1, 1));
16  }
```

コード 12.9 では，直角三角形上の模様を図 9.10 と同じようにベジエ曲線で作っています．

課題 * 12.4 p6m パターンは鏡映と 60°回転とは別に 180°回転と 120°回転，および 6 方向のすべり鏡映に関する対称性を持っている．それらの回転対称の中心点およびすべり鏡映の軸を図 12.19 に書け．

課題 ** 12.5 本書で言及した p3m1, p31m, p6, p6m（第 12 章），pmm, p4m（第 8 章），pgg（第 11 章），p4g（第 13 章）以外の壁紙群について調べ，その対称性を持つ模様を生成するプログラムを作れ．

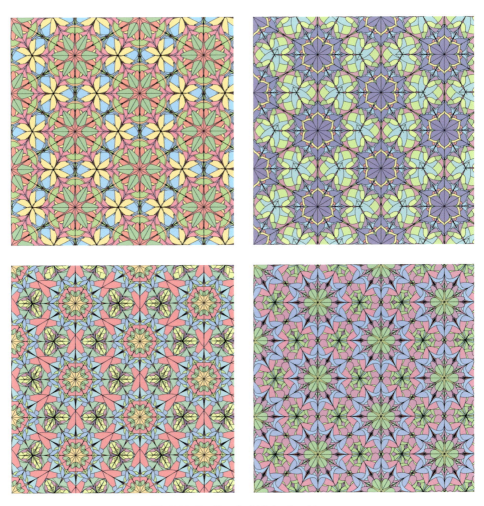

図 12.20：ランダムに生成された p6m パターン

第 13 章 周期タイリング

格子に関する平行移動で変化しないタイリングを**周期タイリング**と呼びます．この章ではそのような周期タイリングの例をいくつか紹介し，その背景の数理とタイリングのプログラミングについて考えます．

> **この章のキーポイント**
> - ピタゴラスタイリングは 2 つの大きさの異なる正方形によるタイリングである
> - フィボナッチ数列をアルファベット列で表したものがフィボナッチワードであり，これは 1 次元のタイリング（チェイン）と見なすことができる
> - 黄金ピタゴラスタイリングの切断面にフィボナッチチェインが表れる
> - 三角形と正方形によるタイリングの双対として五角形等面タイリング（カイロタイリング）が得られる
> - 正六角形のタイリングの分割からひし形タイリングが得られる
>
> **この章で使うプログラム**
> - Pythagoras CP5：ピタゴラスタイリングの変形
> - Fibonacci：フィボナッチワードの計算
> - SquareTriangle：正方形と正三角形のタイリング，およびその双対五角形タイリング（カイロタイリング）
> - HexRhomb：正六角形タイリングを分割するひし形タイリング

13.1　ピタゴラスタイリングとフィボナッチチェイン

　正方形タイリングは「1種類の正方形タイルによって，各タイルの頂点どうしが頂点で重なる」タイリングでした．この条件を満たすようなタイリングは1種類に限られますが，この条件を緩めて「1種類**以上**の正方形タイルによって，各タイルが必ずしも**頂点どうしで交わらない**」タイリングを考えれば，それは1種類に限られません．とくに**ピタゴラスタイリング**と呼ばれる，2種類の正方形タイルによるタイリングを考えます．

13.1.1　ピタゴラスタイリング

　ピタゴラスタイリングは，正方形タイリングのタイルを分割して構成します．まず正方形の頂点を順に $0, 1, 2, 3$ とラベル付けします．点 i の位置ベクトルを v_i，点 i から点 j への方向ベクトルを v_{ij} と書くことにします．このときラベル付けされた点 $4, 5, 6, 7, 8$ を次のように取ります．

- v_1 と v_2 をつなぐ線分上に v_4 を取る
- $v_{40} \perp v_{15}$ となるように，v_0 と v_4 をつなぐ線分上に v_5 を取る
- $v_{40} \perp v_{36}$ となるように，v_0 と v_4 をつなぐ線分上に v_6 を取る
- $|v_{60}| = |v_{76}|$ となるように，v_3 と v_6 をつなぐ線分上に v_7 を取る
- $v_{87} \perp v_{76}$ となるように，v_0 と v_3 をつなぐ線分上に v_8 を取る

ここでベクトル v, w が垂直に交わることを $v \perp w$，ベクトルの長さを $|v|$ と表しています．正方形の1辺の長さを1とし，v_{10} と v_{60} のなす角を θ とおけば，これらのベクトルは図形から次の (1)〜(3) の性質を満たすことが分かります．

(1) $|v_{50}| = |v_{36}| = |v_{37}| + |v_{51}|$
　　　　$= |v_{46}| + |v_{78}| = \cos\theta$

(2) $|v_{15}| = |v_{60}| = |v_{76}|$
　　　　$= |v_{87}| + |v_{54}| = \sin\theta$

(3) $|v_{41}| = |v_{80}| = \tan\theta$

課題 * 13.1　上の (1)〜(3) を示せ．

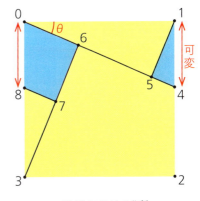

図 13.1: タイルの分割

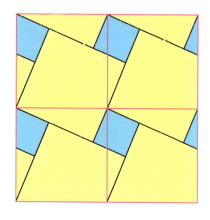

図 13.2：ピタゴラスタイリング

正方形を図 13.1 のように 5 つの領域に分割して 2 色で色分けし，それをタイリングすれば，図 13.2 のような 2 種類の正方形タイルによるタイリングが得られます．これらは $\sin\theta$ と $\cos\theta$ を辺の長さとする正方形です．図 13.1 の正方形を線分に沿って切り貼りすれば，この 2 つの正方形を作ることができます．これらの面積に注目すれば，$\sin^2\theta + \cos^2\theta = 1$ が得られ，点 0, 1, 5 をつないで得られる直角三角形に注目すれば，これはピタゴラス（三平方）の定理を示していることが分かります．

このピタゴラスタイリングは正方形タイリングとのずれ $|v_{14}|$ の大きさに従って連続的に変化します．このずれをパラメータ変数 gap とし，controlP5 で動かしてタイリングを連続的に変形させてみましょう．第 10 章の正方形タイリングのコードでの makeSquare 関数（コード 10.4）を次の makePythagoras 関数（コード 13.1）に書き換えます．

コード 13.1：正方形タイルを分割する関数　　Pythagoras

```
void makePythagoras(){
  PVector[] v = new PVector[9]; // 正方形タイルの生成
  for (int i = 0; i < 4; i++){
    v[i] = PVector.fromAngle(2 * PI * (i + 0.5) / 4); // 正方形の頂点
    v[i].mult(scalar / sqrt(2));
  }
  // gap = (sqrt(5) - 1) / 2; // 黄金数の逆数
  float theta = atan(gap); // 回転角
  PVector slope = PVector.sub(v[1],v[0]); // 正方形タイルをずらす方向
  slope.rotate(theta);
  v[4] = slope.copy();
  v[4].mult(sin(theta));
  v[4].add(v[0]);
  v[5] = slope.copy();
  v[5].mult(cos(theta));
  v[5].add(v[0]);
  v[6] = slope.copy();
  v[6].mult(1.0 / cos(theta));
  v[6].add(v[0]);
  v[7] = PVector.sub(v[5], v[1]);
  v[7].add(v[4]);
  v[8] = PVector.sub(v[6], v[1]);
  v[8].add(v[0]);
  tile = createShape(GROUP);
  makeDoubleSq(v); //2 種類の正方形をグループに追加
  makeEdge(v); // 正方形の輪郭線をグループに追加
}
```

コード13.1の9個のベクトルの配列vは図13.1の9個の位置ベクトルに対応しています．コード13.1で作った頂点を使って2色に色分けされた正方形をmakeDoubleSq関数(コード13.2)で，辺をmakeEdge関数（コード13.3）で作ります．それぞれ図13.1に従って辺と正方形を構成するかけらを作り，それを集めてグループにします．

コード13.2：2つの正方形を作る関数　　Pythagoras

```
void makeDoubleSq(PVector[] v){
  int[][][] indDomain = { // 正方形を構成する領域の頂点
    {{0, 1, 5}, {4, 6, 2, 3}, {3, 7, 8}}, // 正方形1
    {{1, 5, 6}, {0, 4, 7, 8}} // 正方形2
  };
  PShape[] sq = new PShape[2]; //2つの正方形グループ
  for (int i = 0; i < 2; i++){
    sq[i] = createShape(GROUP);
    for (int[] ind : indDomain[i]){
      PShape elm = createShape(); // 正方形のかけら
      elm.setFill(col[i]);
      elm.beginShape();
      elm.noStroke();
      for (int j : ind){
        elm.vertex(v[j].x, v[j].y);   // 正方形のかけらの頂点
      }
      elm.endShape(CLOSE);
      sq[i].addChild(elm); // かけらを正方形グループに追加
    }
    tile.addChild(sq[i]); // 正方形グループをタイルグループに追加
  }
}
```

コード13.3：正方形の辺を作る関数　　Pythagoras

```
void makeEdge(PVector[] v){
  PShape lin;
  int[][] indLine = {{0, 6}, {1, 5}, {3, 4}, {7, 8}}; // 辺の頂点
  lin = createShape(GROUP);
  for (int[] ind : indLine){
    PShape elm = createShape(); // 辺のかけら
    elm.beginShape();
    for (int i : ind){
      elm.vertex(v[i].x, v[i].y); // 辺のかけらの頂点
    }
    lin.addChild(elm);      // かけらを辺のグループに追加
  }
  tile.addChild(lin);       // 辺のグループをタイルグループに追加
}
```

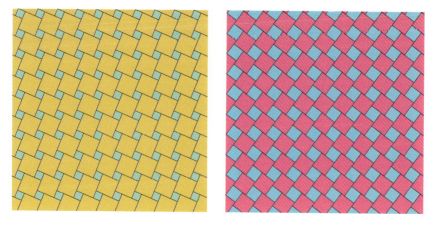

図 13.3：ピタゴラスタイリング（Pythagoras CPS）

13.1.2 フィボナッチチェイン

ピタゴラスタイリングはフィボナッチ数列と関係していることが知られています．この関係について見てみましょう．

■ フィボナッチワード

フィボナッチ数列は第3章では漸化式として定義しましたが，別の方法によって定義してみましょう．そのために，次の性質を持つ架空の虫を考えます．

- この虫は生まれた時点から1年後に成虫する
- 成虫から1年後に1匹の子を産み，その後1年ごとに1匹の子を産む（パートナーがいなくても子は生まれるものとする）
- この虫は死なない

この虫が成虫した時点で1匹だけ隔離して生育し，その後この虫はどのように増えるか考えてみましょう．この虫が成虫の状態を "A"，生まれたばかりの幼虫の状態を "B" として模式的に書けば，生まれてから1年の状態遷移は B → A，成虫してから1年の状態遷移は A → AB と表すことができます．ここで状態 "AB" は成虫1匹と生まれたばかりの幼虫1匹の2匹であるような状態とします．つまりAを初期状態として，このルールによって文字を置き換えていけば，虫の増え方を表すことができます．

$$A \to AB \to ABA \to ABAAB \to ABAABABA \to \cdots$$

この各アルファベット列においてAの個数が幼虫の個体数，Bの個数が成虫の個体数を表しています．実はこの個数にフィボナッチ数列が隠されています．これをプログラミングによって確かめてみましょう．

コード 13.4：フィボナッチのアルファベット列　　Fibonacci

```
String word = "A"; // 初期状態
int gen = 0; // 世代数
void setup(){
  transition(); // 遷移
}
void draw(){}
void transition(){
  int numA = 0; //Aの個数
  int numB = 0; //Bの個数
  println(gen, ":" + word); // 世代数とその状態を表示
  String[] splitW = splitTokens(word); // ワードを1文字ずつの配列に変換
  for(int i = 0; i < splitW.length; i++){
    if(splitW[i].equals("A")){
      splitW[i] = "A B"; //A->AB
      numA++;   //Aの個数を増やす
    } else {
      splitW[i] = "A"; //B->A
      numB++; //Bの個数を増やす
    }
  }
  println(numA, numB); //AとBの個数を表示
  word = join(splitW, " "); // 配列をスペースでつなげる
  gen++; // 世代数を増やす
}
void mouseClicked(){
  transition();
}
```

ここで得られた結果を表にまとめると次のようになります．

経過年数	Aの個数	Bの個数	アルファベット列
0	1	0	A
1	1	1	AB
2	2	1	ABA
3	3	2	ABAAB
4	5	3	ABAABABA
5	8	5	ABAABABAABAAB
6	13	8	ABAABABAABAABABAABABA
7	21	13	ABAABABAABAABABAABABAABAABABAABAAB

表 13.1：虫の個体数の変化（フィボナッチワード）

表 13.1 を見て分かるように，n 年後の A の個数を f_n とすれば，$f_0 = f_1 = 1$，$f_n + f_{n+1} = f_{n+2}$ となることから，$\{f_n\}$ はフィボナッチ数列をなすことが分かります．また n 年後（$n > 0$）の B の個数は f_{n-1} であることが分かります．このようにフィボナッチ数列は**抽象的な記号の再帰的システム**と見なすことができます．この n 年後のアルファベット列を w_n と書き，**フィボナッチワード**と呼びます．つまり

$$w_0 = \text{A}, \quad w_1 = \text{AB}, \quad w_2 = \text{ABA}, \quad w_3 = \text{ABAAB}, \cdots$$

と定義します．

註 23［L-system］フィボナッチワードにおいて重要な情報は，2 種類の記号と初期状態，および遷移ルールでした．一般に，この情報から再帰処理を行うアルゴリズムを L-system と呼びます．この本で登場した多くの自己相似性を持つかたちも，描画ルールをうまく記号で置き換えれば，L-system によって記述することができます．例えばコッホ曲線は，ある方向に向かって線を引く操作を "F"，その方向を $60°$ 回転させる操作を "$+$"，$-60°$ 回転させる操作を "$-$" と記号で表せば，その遷移ルールは

$$\text{F} \to \text{F} + \text{F} - - \text{F} + \text{F}$$

によって表すことができ，これに従って再帰処理を行えばコッホ曲線を描画することができます．（詳しくは［Sh,§8.6］，［PL］参照）

■ **チェイン**

平面は縦・横の 2 方向の奥行きがある空間ですが，1 方向のみに奥行きがある空間，つまり直線に対し，そのタイリングを考えてみましょう．平面上のタイリングは境界を持つ領域（タイル）によって平面を分解することでしたが，これを直線で考えると，直線上のタイリングは直線を区間ごとに分割することになります．こういった直線のタイリングは「タイル張り」というよりも「チェイン（鎖）」の方がイメージに近いので，**チェイン**と呼ぶことにしましょう．

チェインは平面上のタイリングを直線に沿って切断した切り口として表されます．とくに黄金数から作ったピタゴラスタイリングの切り口にはフィボナッチワードが関係しています．まず ϕ^{-1} を黄金数の逆数 $(\sqrt{5}-1)/2$ とし，$\tan\theta = \phi^{-1}$，つまり $\theta = \arctan \phi^{-1}$ となるように θ を取って，ピタゴラスタイリングを作ってみましょう．このとき $\sin\theta : \cos\theta = \phi^{-1} : 1 = 1 : \phi$ より，大きいタイルと小さいタイルの辺の比は黄金比であることから，これを**黄金ピタゴラスタイリング**と呼びましょう．ここで正方形タイルの辺と平行になり，なおかつ頂点を 1 点通るようにタイリング上に直線を引きます（図 13.4）．この直線が乗っているタイルによって，直線を区間に分割します．タイルの辺の大きさの比率は黄金比であることから，長さの比率が黄金比であるような 2 つの区間によって直線を分割することができます（図

13.5）．これを**フィボナッチチェイン**と呼びます．

　フィボナッチチェインの長い区間をA，短い区間をBとおけば，このチェインはA,Bからなるアルファベット列と見なすことができます．実はこれはフィボナッチワードと一致します．実際，図13.5で出発点から左右に21区間を取れば，この右側はフィボナッチワードw_6と一致しています．左側では，直線が正方形タイルの辺に重なっているため，最初の2区間は2通りの取り方がありますが，下側を取ればw_6を右から読んだものと一致しています．タイリングは平面全体に広がっているため，フィボナッチチェインも途切れなく続いています．ここで出発点からフィボナッチ数の区間を取れば，それは対応するフィボナッチワードと一致します[*1]．

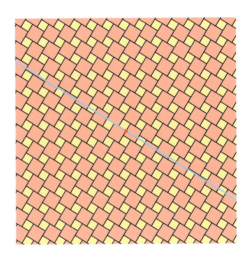

図 13.4：黄金ピタゴラスタイリングの切断（Pythagoras: gap = (sqrt(5) - 1) / 2）

図 13.5：黄金ピタゴラスタイリングの切断から得られるフィボナッチチェイン

> **註 24**［**高次元からの射影によるタイリング**］フィボナッチチェインは，ピタゴラスタイリングの作り方より，切り口である直線と垂直方向に $(\cos\theta, -\sin\theta)$ の距離内の格子点を直線に射影して得られます．これはつまり，直線と平行な帯に含まれる格子点を直線に射影していることと同じです．このように高次元の格子点集合から，それより小さい次元の空間へ射影してタイリングを作る構成法をカット＆プロジェクション・スキーム（Cut and Projection Scheme, CPS）と呼びます．フィボナッチチェインは

[*1] フィボナッチワードは右端2つのアルファベット列が"AB"と"BA"を交互に繰り返し，その部分を除くと回文である特徴を持っています．

次章で紹介する準周期タイリングの一例ですが，準周期タイリングの様々な例はCPSから作られることが知られています．一般に準周期性の方が周期性よりも難しいですが，CPSの枠組みで考えれば，それは高次元の周期性から降りてきている，と考えることができます．

13.2 半正則タイリングとその双対

正則タイリングとは「1種類の正多角形タイル」によるタイリングのことであり，これを可能とするタイルの形は正三角形・正方形・正六角形に限られました．この条件を少しゆるめた**2種類以上の正多角形タイル**」によるタイリングを**半正則タイリング**（またはアルキメデスタイリング）と呼びます．半正則タイリングは8種類あることが知られており，さらにそれらのタイリングは等面タイリングと双対になることが知られています．半正則タイリングの双対であるような等面タイリングは**ラーベスタイリング**（Laves tiling）とも呼ばれます．

13.2.1 正方形と三角形によるタイリング

ピタゴラスタイリングと同様に，正方形タイリングのタイルを分割することによってタイリングを作ってみましょう．まず正方形の頂点を順に 0, 1, 2, 3 とラベル付けし，点 0 と点 1 をつなぐ線分上に点 4 を取ります．さらに点 4 を 90°ずつ回転して，図 13.6 のように点 5, 6, 7 を取ります．ここで点 0, 4, 7 を順につないで折れ曲がった線分を作り，それを 90°ずつ回転すれば，小さな正方形 1 個と半分の三角形 4 個に正方形を分割できます．これを図 13.7 のように鏡映コピーしてタイリングすれば，正方形と二等辺三角形によるタイリングが得られます．

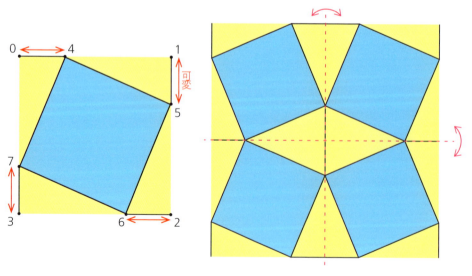

図 13.6：正方形の分割 　　　 図 13.7：正方形の分割と鏡映変換

この三角形タイルは図 13.6 の点 0 から点 4 までの長さ，つまり $|v_{04}|$ をパラメータとしてその角度が変わります．これを $|v_{04}| = |v_{01}|/(\sqrt{3}+1)$ とすると正三角形と正方形によるタイリングが得られます．この半正則タイリングの各頂点には 3 つの正三角形と 2 つの正方形の頂点が集まっています．

課題 13.2 $|v_{04}| = |v_{01}|/(\sqrt{3}+1)$ のとき，v_{04} と v_{74} のなす角が $60°$ であることを示せ．

この半正則タイリングをコーディングしてみましょう．ピタゴラスタイリングと同様に，次の `makeSqTriangle` 関数（コード 13.5）を使って正方形タイルを分割します．

コード 13.5：正方形を分割する関数　　SquareTriangle

```
1  void makeSqTriangle(){
2    PVector[] v = new PVector[4]; // 正方形の頂点 ( 点 0,1,2,3)
3    color col = color(random(1), 0.4, 1);
4    // color[] col = new color[4];
5    float gap = random(1); // 正方形のずれ
6    // float gap = 1.0 / (sqrt(3) + 1); // 正三角形と正方形による半正則タイリング
7    for (int i = 0; i < 4; i++){
8      v[i] = PVector.fromAngle(PI * (i + 0.5) / 2);
9      v[i].mult(0.5 * scalar / sqrt(2));
10     // col[i] = color(random(1), 1, 1);
11   }
12   tile = createShape(GROUP);
13   for (int i = 0; i < 2; i++){
14     for (int j = 0; j < 2; j++){
15       PShape quarter = makeTriangle(v, col, gap); // 三角形を作る ( 正方形は背景色を利用 )
16       // PShape quarter = makePentagon(v, col, gap); // 五角形を作る
17       //4 分の 1 正方形を移動してから鏡映する
18       quarter.scale(pow(-1, i), pow(-1, j));
19       quarter.translate(scalar / 4, scalar / 4);
20       tile.addChild(quarter);
21     }
22   }
23 }
```

コード 13.5 では三角形を作る `makeTriangle` 関数（コード 13.6）によって半分の三角形 4 つからなるグループを作り，それを図 13.7 のように鏡映コピーして `tile` グループに追加しています．

コード 13.6：半分の三角形のグループを作る関数　　SquareTriangle

```
1   PShape makeTriangle(PVector[] v, color col, float gap){
2     PVector[] w = new PVector[4]; // 小さな正方形の頂点 ( 点 4,5,6,7)
3     for(int i = 0; i < 4; i++){
4       w[i] = PVector.sub(v[(i + 1) % 4], v[i]);
5       w[i].mult(gap); // 正方形の頂点をずらす
6       w[i].add(v[i]);
7     }
8     PShape tri = createShape(GROUP); // 半分の三角形のグループ
9     for(int i = 0; i < 4; i++){
10      PShape halfTri = createShape(); // 半分の三角形を作る
11      halfTri.setFill(col);
12      halfTri.beginShape();
13      halfTri.vertex(v[i].x, v[i].y);
14      halfTri.vertex(w[i].x, w[i].y);
15      halfTri.vertex(w[(i + 3) % 4].x, w[(i + 3) % 4].y);
16      halfTri.endShape();
17      tri.addChild(halfTri);
18    }
19    return tri;
20  }
```

コード 13.6 では図 13.6 のように正方形をずらして小さな正方形の頂点 4,5,6,7 を取り，それを使って三角形を作っています．

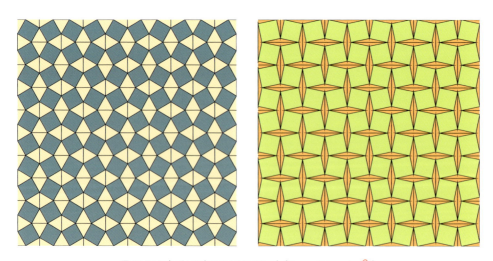

図 13.8：三角形と正方形によるタイリング（SquareTriangle）

13.2.2 カイロタイリング

正六角形タイリングと正三角形タイリングが双対性を持つことを第 10 章で見ましたが，同様に半正則タイリングに対しても，双対性から異なるタイリングを作ることができます．図 13.6 の正方形の分割に対し，中央の正方形をちょうど 4 つの正方形に分割するように直線を引き，それと辺の交点となる点 4,5,6,7 を図 13.9 のように取ります．さらに正方形の中心点を点 8 とします．ここで点 0,4,8,5 を順につないで折れ曲がった線分を作り，それを 90°ずつ回転すれば，半分の五角形 4 個に正方形を分割できます．これを図 13.10 のように鏡映コピーしてタイリングすれば五角形タイリングが得られます．

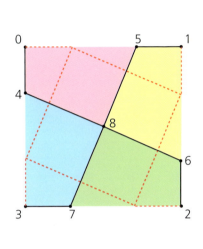

図 13.9：半正則タイリングの双対　　　図 13.10：双対五角形タイリング

このタイリングは 2 つの直角を持つ五角形タイルによるタイリングであり，1 つのタイルの合同変換によってすべてのタイルが得られる等面タイリングです．とくに正三角形と正方形によるタイリングの双対として得られるタイリングは，エジプトの首都カイロのタイル張り舗装に由来して**カイロタイリング**と呼ばれます．これはコード 13.5 の 3,15 行目をコメントアウト，4,10,16 行目をアンコメントし，次の makePentagon 関数（コード 13.7）を呼び出すことでコーディングできます．

■**課題 13.3**　2 つの角が θ であるような二等辺三角形と正方形によるタイリングに対し，その双対五角形タイリングのタイルの角度を θ を使って表せ．

■**課題* 13.4**　図 13.9 の点 4,5,6,7 がコード 13.7 の 10〜14 行目で得られることを示せ．

コード 13.7：半分の五角形のグループを作る関数　　SquareTriangle

```
1  PShape makePentagon(PVector[] v, color[] col, float gap){
2    PVector[] w = new PVector[4]; // 小さな正方形の頂点
3    for(int i = 0; i < 4; i++){
4      w[i] = PVector.sub(v[(i + 1) % 4], v[i]);
5      w[i].mult(gap);
6      w[i].add(v[i]);
7    }
8    PVector[] u = new PVector[4]; // 五角形の頂点（点4,5,6,7）
9    float theta = atan(gap); // ずれの角度
10   for(int i = 0; i < 4; i++){
11     u[i] = PVector.sub(v[(i + 1) % 4], w[i]);
12     u[i].mult(0.5 / pow(cos(theta), 2));
13     u[i].add(w[i]);
14   }
15   PShape pent = createShape(GROUP); // 半分の五角形のグループ
16   ...
17 }
```

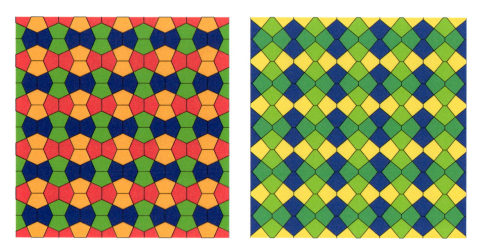

図 13.11：五角形による双対タイリング（SquareTriangle）

■ p4g パターン

　上の三角形と正方形のタイリング，およびその双対五角形タイリングは，その作り方から90°の回転対称性と鏡映対称性を持っています．これを模式的に描けば図 13.12 のようになります．さらにこれは，図 13.12 の緑の軸に関してすべり鏡映に関する対称性を持っていることも分かります．この対称性を持つ模様は **p4g** パターンと分類されています．

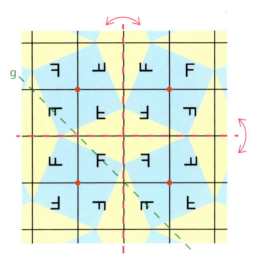

図 13.12：p4g パターン

課題 * 13.5　図13.12 に他のすべり鏡映の軸を書け．またこれは 180°の回転対称性も持っている．その中心点を書け．

13.2.3 ひし形タイリング

正六角形を図 13.13 のように分割すると，3 つのひし形に分割することができます．これを使って正六角形タイリングを分割すれば，ひし形によるタイリング（**ひし形タイリング**）が得られます．このひし形タイリングもラーベスタイリングの一つです．実際，ひし形タイリングの双対は正六角形と正三角形による半正則タイリングになります（図 13.14）．

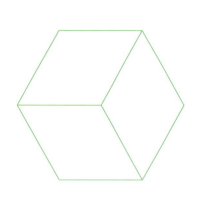
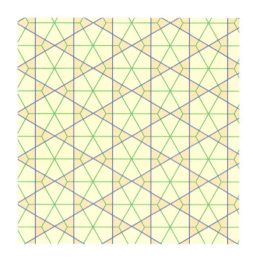

図 13.13：正六角形の分割　　　　図 13.14：ひし形タイリングと双対半正則タイリング

課題＊13.6　　図 13.14 のひし形タイリングに対し，ひし形の長い方の対角線によって 2 つの鈍角二等辺三角形にひし形を分割すれば，鈍角二等辺三角形によるタイリングが得られる．これもラーベスタイリングの 1 つである．この双対である半正則タイリングはどのようなタイリングだろうか？

ひし形タイリングは正六角形タイリングの makeHex 関数（コード 10.9）を次の makeHexRhomb 関数（コード 13.8）に書き換えて作ることができます．

コード 13.8：ひし形を作る関数　　📁 HexRhomb

```
void makeHexRhomb(){
  color[] col = new color[3];
  for (int i = 0; i < 3; i++){
    col[i] = color(random(1), 1, 1); //ひし形の色
  }
  PVector[] v = new PVector[6];
  for (int i = 0; i < 6; i++){
    v[i] = PVector.fromAngle(2 * PI * i / 6); //正六角形の頂点
    v[i].mult(scalar / sqrt(3));
  }
  tile = createShape(GROUP);
  makeRhomb(v, col); //正六角形の頂点から 3 つのひし形を作り，タイルグループに追加
}
```

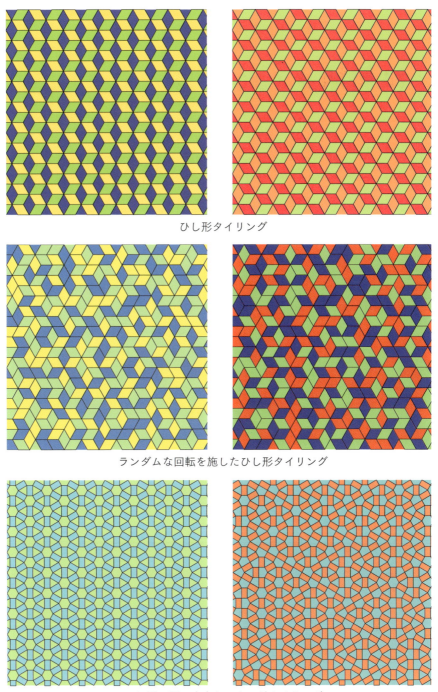

ひし形タイリング

ランダムな回転を施したひし形タイリング

ひし形の辺の中点をつないだタイリング

図 13.15：ひし形タイリングのバリエーション（HexRhomb）

第 13 章 周期タイリング

第 14 章 準周期タイリング

　周期タイリングは平行移動で変化しない周期性を持つタイリングのことでした．この周期性に関する条件を除き，なおかつ何らかの規則性を持つタイリングを**準周期タイリング**と呼びます．周期性を持つパターンは壁紙群によって分類されており，その構造はよく知られていますが，準周期性に関しては現在でもまだ完全には解明されていません．この章では，準周期タイリングの一つであるペンローズタイリングについて考えます．ペンローズタイリングは第Ⅰ部で見た黄金数，およびその再帰性と関わっています．

この章のキーポイント

- 2 種類の黄金三角形を再帰的にうまく分割すれば，有限種類のタイルによる周期性を持たないタイリングができる
- 黄金三角形タイリングは周期性を持たないが，初期配置によって回転・鏡映に関する対称性を持つ
- 正五角形で平面を隙間なくタイリングすることはできないが，隙間を他のタイルで埋めることによりタイリングすることができる（正五角形ペンローズタイリング）
- 黄金三角形タイリングから 3 種類のペンローズタイリングを構成できる

この章で使うプログラム

- TriangularSpiral：黄金三角形の再帰的な分割から得られる対数らせんの描画
- RecurTriangle：黄金三角形の再帰的分割から得られるタイリング
- RecurPentagon：正五角形を隙間を作りながら再帰的に分割
- PenroseTiling：ペンローズタイリング

14.1 黄金三角形

　第 2 章では黄金数 ϕ の比を持つ黄金長方形の再帰的な分割を見ました．この三角形版を考えてみましょう．まず ϕ について復習しておくと，ϕ は循環連分数 $[1;\overline{1}]$ のことであり，これは 2 次方程式 $x^2 - x - 1 = 0$ の正の実数解 $(1+\sqrt{5})/2$ と一致しました．辺の比が $\phi:1$ となるような二等辺三角形は**黄金三角形**（またはロビンソン三角形）と呼ばれます．黄金三角形には，鋭角のみを持つ「細い（Thin）」三角形，鈍角を持つ方「太い（Fat）」三角形の 2 種類があります（図 14.1）．この 2 つの黄金三角形は正五角形と関連しており，正五角形に 1 つの頂点から 2 本の対角線を引けば，これらの黄金三角形が得られます．よって細い三角形の 3 つの角度は $(2\pi/5, 2\pi/5, \pi/5)$，太い三角形の 3 つの角度は $(\pi/5, \pi/5, 3\pi/5)$ であることが分かります．

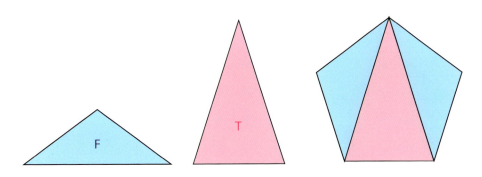

図 14.1：2 種類の黄金三角形（Fat, Thin）と正五角形

課題 * 14.1　1 辺の長さが 1 の正五角形の対角線の長さは黄金数になることを示せ．

この2種類の黄金三角形は，さらに黄金三角形によって分割することができます．図 14.2 の 4 つの分割 T_L, T_S, F_L, F_S を見てみましょう．ここで T_L, T_S は細い三角形の分割，F_L, F_S は太い三角形の分割です．これらは分割によって 2 種類の三角形の大小関係が変わります．T_L と F_S は細い三角形の方が太い三角形より大きくなるような分割です．この分割によって得た細い三角形の各辺の長さを $(\phi, \phi, 1)$ とすれば，太い三角形は $(1, 1, \phi)$ です．

一方，T_S と F_L は太い三角形の方が細い三角形よりも大きくなるような分割です．この分割によって得た細い三角形の各辺の長さを $(\phi, \phi, 1)$ とすれば，太い三角形は (ϕ, ϕ, ϕ^2) です．二等辺三角形はひっくり返しても二等辺三角形ですので，分割はその三角形の向きと一緒に考える必要があります．ゆえにここでは三角形の辺の向きを矢印によって与えています．

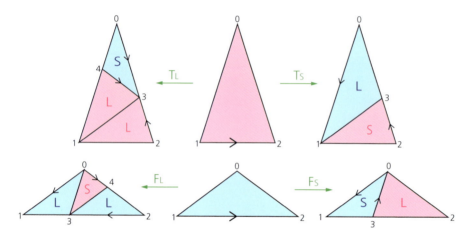

図 14.2：黄金三角形の分割と大小関係（Small, Large）

第 4 章で黄金長方形の分割の繰り返しから黄金らせんを作ったように，黄金三角形の分割からもらせんを作ることができます．図 14.3 のように二等辺三角形の辺から円弧を作り，それを T_S の再帰的な分割から描画するようにコーディングしてみましょう．

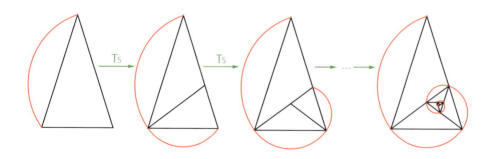

図 14.3：黄金三角形の分割と円弧が作るらせん（TriangularSpiral）

コード 14.1：黄金三角形の再帰的な分割がなすらせん　　TriangularSpiral

```
1  Tri t; //Tri クラスの変数
2  float radE = 7 * PI / 5; //円弧の終点のラジアン
3  void setup(){
4    size(500, 500);
5    initialize(200);
6    goldenDivision();
7  }
```

コード 14.1 は次のステップで再帰的に描画を行います．

1. 配置の初期化（`initialize` 関数）
2. 分割と描画（`goldenDivision` 関数）
3. マウスのクリックごとに 2 の操作を繰り返す

ここで一連の操作をスマートに行うために，クラスを使ってコーディングしています．今までのコーディングでは Processing にあらかじめ備わっている PVector クラスや PShape クラスを使っていましたが，こういった「データの型とその操作」を新たに定義してみましょう．今の場合，三角形の仲間とそれに対する操作（メソッド）を定めます．

コード 14.2：Tri クラスの定義

```
1  class Tri{ // 三角形のクラス
2    float PHI = (1 + sqrt(5)) / 2; // 黄金数
3    PVector[] v_; //メンバ変数
4    Tri(PVector v0, PVector v1, PVector v2){ // コンストラクタ
5      v_ = new PVector[]{v0, v1, v2}; //三角形の頂点
6    }
7    ...
8  }
```

クラスでは**メンバ変数**と呼ばれる，クラスの中で共通して使われる変数をまず定義します[*1]．コード 14.2 では，三角形の頂点のベクトルの配列 v_ がメンバ変数です．要はこのデータさえあれば三角形の分割や描画といった様々な操作ができるため，Tri クラスではメンバ変数であるこの 3 つのベクトルを「三角形の元素」だと見なしています．新たに三角形の元素を作るのが 4～6 行目の**コンストラクタ**と呼ばれるメソッドです．コード 14.1 では initialize 関数（コード 14.3）を呼び出し，初期配置となる三角形をコンストラクタメソッドで作ります．コンストラクタで作ってできた「もの」は，そのクラスの**インスタンス**と呼ばれます．

[*1] メンバ変数，ローカル変数，グローバル変数という 3 つの変数を使い分けるため，メンバ変数にはアンダースコアを変数名に付けています．クラスは「独立した（使い回しのきく）コード」であるべきであり，中でグローバル変数を使うのは好まれません．

コード 14.3：初期配置を作る関数　　TriangularSpiral

```
1  void initialize(float scalar){
2    PVector v0 = PVector.fromAngle(3 * PI / 2); //最も角度の狭い鋭角
3    v0.mult(scalar);
4    PVector v1 = PVector.fromAngle(7 * PI / 10);
5    v1.mult(scalar);
6    PVector v2 = PVector.fromAngle(3 * PI / 10);
7    v2.mult(scalar);
8    t = new Tri(v0, v1, v2); // 細い三角形の生成
9  }
```

　コード 14.3 で設定した初期配置の三角形から出発し，goldenDivision 関数（コード 14.4）で分割と描画を繰り返します．

コード 14.4：分割と描画をする関数　　TriangularSpiral

```
1  void goldenDivision(){
2    translate(width / 2, height / 2);
3    t.drawTriangle(); // 三角形の描画
4    t.updateThinS(); // 三角形を分割し，小さい三角形に更新する
5    radE = t.drawArc(radE); // 円弧を描き，その角度を更新する
6  }
```

コード 14.4 では三角形の分割と描画に関して，Tri クラスのメソッド（コード 14.5）を使います．

コード 14.5：分割と描画に関するメソッド

```
1  class Tri {
2  ...
3    void drawTriangle(){ // 三角形の描画
4      triangle(v_[0].x, v_[0].y, v_[1].x, v_[1].y, v_[2].x, v_[2].y);
5    }
6    void updateThinS(){ // 細い三角形の分割と更新
7      PVector v3 = PVector.sub(v_[0], v_[2]);
8      v3.mult(2 - PHI);
9      v3.add(v_[2]);
10     v_ = new PVector[]{v_[1], v_[2], v3};
11   }
12   float drawArc(float _radE){ // 円弧の描画
13     float diam = 2 * PVector.dist(v_[0], v_[2]);
14     float radS = _radE - 3 * PI / 5; // 円弧の始点のラジアン
15     noFill();
16     arc(v_[2].x, v_[2].y, diam, diam, radS, _radE);
17     return radS; // 円弧の始点を返す
18   }
19 ...
20 }
```

updateThinSメソッド（コード14.5）では，図14.2のT_Sの分割に従って新たな点3を作り，それを使って三角形を小さな三角形に置き換えます．

課題＊＊14.2 図14.3のらせんはどのようならせんを近似しているだろうか？

14.2 ペンローズタイリング

準周期タイリングを作る方法として，再帰性を使った構成法があります．再帰性とは，ある操作の繰り返しによって得られる，自己相似性を伴った性質のことでした．例えば第1〜2章では，ユークリッド互除法を使って長方形の正方形による再帰的な分割を見ました．このような分割は一種のタイリングだとみなすことができます．分割を繰り返すたびにタイルの個数は指数関数的に増大し，タイルのサイズは指数関数的に縮小します．ここで分割のたびにタイルをうまく拡大し，タイルのサイズを保ったまま平面全体をタイリングしてみましょう．ただしうまく**有限種類**のタイルによってタイリングするには，どんな分割でも良いわけではありません．タイルの分割とサイズの帳尻がうまく合っている必要があります．

14.2.1 黄金三角形によるタイリング

図14.2の分割において，(T_S, F_L)，(T_L, F_S)のそれぞれの組は，三角形の大小関係を保ったまま分割されます．これらを組み合わせて分割すれば，分割を繰り返しても常に合同な2つの三角形タイルによって分割することが可能です（図14.4，図14.5）．一方，この分割は分割するごとに三角形タイルがϕ^{-1}倍されます．つまり分割するごとにϕ倍すれば，三角形タイルの大きさを保ったまま，平面全体をタイリングすることができます（図14.6）．

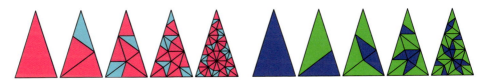

図14.4：分割(T_L, F_S)の繰り返しによる分割　　図14.5：分割(T_S, F_L)の繰り返しによる分割

図14.6：分割のたびにタイルのサイズを拡大

実際にタイリングを描画する際には，拡大をくり返すと，すぐに描画ウィンドウを飛び出してしまいます．ここではあらかじめ大きなサイズの初期配置を設定し，それを分割してタイリングを描画してみましょう．コード 14.1 の `goldenDivision` 関数呼び出しを次の `TriangularDivision` 関数（コード 14.6）呼び出しに書き換えます．

コード 14.6：三角形を分割する関数　　RecurTriangle

```
1   void triangularDivision(){
2     ArrayList<Tri> nextT = new ArrayList<Tri>(); // 次の細い三角形のリスト
3     ArrayList<Tri> nextF = new ArrayList<Tri>(); // 次の太い三角形のリスト
4     translate(width / 2, height / 2);
5     fill(col[0]);        // 細い三角形の色 (initialize 関数でランダムに設定 )
6     for (Tri t : listT){ // グローバル変数 listT は細い三角形のリスト
7       t.drawTriangle();  // 細い三角形の描画
8       t.divThinS(nextT, nextF); //Thin<Fat となる分割
9       // t.divThinL(nextT, nextF); //Fat<Thin となる分割
10    }
11    fill(col[1]); // 太い三角形の色 (initialize 関数でランダムに設定 )
12    for (Tri t : listF){ // グローバル変数 listF は太い三角形のリスト
13      t.drawTriangle();  // 太い三角形の描画
14      t.divFatL(nextT, nextF); //Thin<Fat となる分割
15      // t.divFatS(nextT, nextF); //Fat<Thin となる分割
16    }
17    listT = nextT; // リストの更新
18    listF = nextF;
19  }
```

コード 14.6 ではクラスのインスタンスの集まりである**リスト**を使っています．今までのコーディングでは何らかの集合を作る際に配列を使っていましたが，配列はあらかじめその長さを決める必要がありました．リストは配列と異なり，長さを決めずに要素をどんどん追加していくことができます．ここでは 2 種類の三角形のインスタンスを収納する 2 つのリスト `listT`, `listF` を用意し，細い三角形と太い三角形を分けてリストに追加しています．それぞれのリストの要素であるインスタンスに対して描画と分割を行い，リストを更新して再帰的に描画しています．Tri クラスの 4 つのメソッド `divThinL`, `divThinS`, `divFatL`, `divFatS` は，図 14.2 のように分割し，分割した三角形からリストを作るメソッドです．

■ 対称性を持つ初期配置

`initialize` 関数（コード 14.3）では，初期配置として 1 つの細い三角形からスタートしましたが，この初期配置を変えれば異なるタイリングを作ることができます．図 14.8 のように細い三角形を 10 個，正十角形に並べ，ここから再帰的分割をしてみましょう．`initialize` 関数を書き換えて，次の `initializeDecagon` 関数（コード 14.7）から出発し，描画します．

この初期配置によるタイリングは，作り方より中心点で二面体群 D_5 に関する対称性を持っています．ここで D_5 は壁紙群には表れない群であり，周期タイリングではこの対称性を持つタイリングは存在しません．

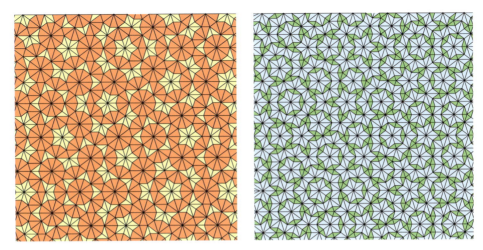

（T_L，F_S）型分割によるタイリング　　　　（T_S，F_L）型分割によるタイリング

図 14.7: 黄金三角形によるタイリング（RecurTriangle）

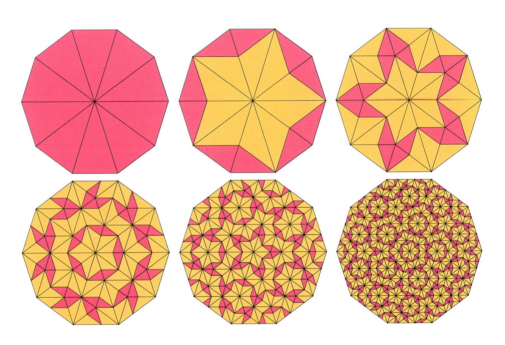

図 14.8: D_5 対称性を持つタイリング（RecurTriangle）

第 14 章　準周期タイリング　　283

コード 14.7：正十角形状に初期配置する関数　　RecurTriangle

```
1   void initializeDecagon(float scalar){
2     for (int i= 0; i < 10; i++){ // 初期配置
3       PVector v0 = new PVector(0, 0, 0); // 原点
4       PVector v1 = PVector.fromAngle(i * 2 * PI / 10);
5       v1.mult(scalar);
6       PVector v2 = PVector.fromAngle((i+1) * 2 * PI / 10);
7       v2.mult(scalar);
8       if (i % 2 == 0){
9         listT.add(new Tri(v0, v1, v2));
10      } else {
11        listT.add(new Tri(v0, v2, v1));
12      }
13    }
14  }
```

14.2.2 五角形ペンローズタイリング

　正三角形，正方形，正六角形は1種類のタイルによってタイリングできることを第10章で見ました．では正五角形の場合はどうなるでしょうか？もちろん隙間なくタイリングすることはできませんが，隙間を許して再帰的にタイリングする方法を考えてみましょう．まず正五角形を図 14.9 のように 6 個の正五角形に分割する分割ルールを定めます．この分割を再帰的に行うようにコーディングしてみましょう．

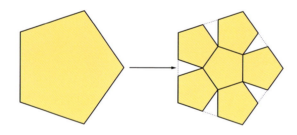

図 14.9：正五角形の分割

コード 14.8：正五角形の再帰的な分割　　RecurPentagon

```
1   ArrayList<Pent> listPent = new ArrayList<Pent>(); // 正五角形のリスト
2   color col;
3   void setup(){
4     size(500, 500);
5     colorMode(HSB, 1);
6     initialize(250); // 初期配置
7     slitDivision(); //(隙間のある) 分割
8   }
```

　コード 14.8 では正五角形のクラス Pent（コード 14.9）を使います．

コード 14.9：Pent クラスの定義

```
1   class Pent{
2     ...
3     float PHI = (1 + sqrt(5)) / 2;
4     PVector[] v_;
5     Pent(PVector v0, PVector v1){
6       v_ = new PVector[6];
7       v_[0] = v0; // 正五角形の中心
8       for (int i = 1; i < 6; i++){
9         v_[i] = PVector.sub(v1, v0);
10        v_[i].rotate(2 * i * PI / 5);
11        v_[i].add(v0); // 正五角形の頂点
12      }
13    }
14    ...
15  }
```

Pent クラスのコンストラクタは，メンバ変数に正五角形の中心点と各頂点の位置ベクトルを代入します．正五角形の中心点と 1 つの頂点から他の頂点は得られることから，このコンストラクタは 2 つのベクトルを引数としています．正五角形の分割と描画については，コード 14.10 のように Pent クラスのメソッドを定義します．

コード 14.10：分割と描画に関するメソッド

```
1   class Pent{
2     ...
3     void divPent(ArrayList<Pent> nextList){ // 正五角形の分割
4       PVector w = PVector.sub(v_[1], v_[0]);
5       w.mult(PHI / (2 * PHI + 1)); // 次の正五角形の縮小率
6       w.rotate(PI / 5);
7       w.add(v_[0]);
8       nextList.add(new Pent(v_[0], w)); // 中央の正五角形をリストに追加
9       for (int i = 1; i < 6; i++){
10        w = PVector.sub(v_[i], v_[0]);
11        w.mult((PHI + 1) / (2 * PHI + 1));
12        w.add(v_[0]);
13        nextList.add(new Pent(w, v_[i])); // 中央を囲む 5 つの正五角形をリストに追加
14      }
15    }
16    void drawPent(){ // 正五角形の描画
17      beginShape();
18      for (int i = 1; i < 6; i++){
19        vertex(v_[i].x, v_[i].y);
20      }
21      endShape(CLOSE);
22    }
23  }
```

図14.9の分割は元の正五角形の辺の長さを $\phi/(2\phi+1)$ 倍に縮小しています（課題14.3）。よって元の正五角形の中心から頂点までの距離を1とすると，分割によって新たに得られた（中央を除く）5つの正五角形の中心点は，元の中心点から $(\phi+1)/(2\phi+1)$ の距離にあることが分かります。この5つの中心点から，divPent メソッド（コード14.10）によって新たな正五角形をリストに追加します。

課題* 14.3 図14.9の分割によって，正五角形の辺の長さは $\phi/(2\phi+1)$ 倍に縮小されることを示せ．

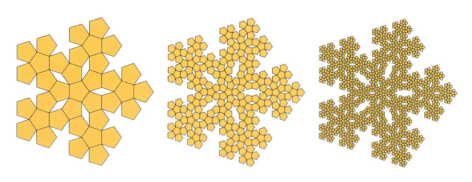

図 14.10：再帰的な正五角形の分割（RecurPentagon）

■ タイリングの構成

正五角形の再帰的な分割は隙間だらけですが，実はこれは図14.11のように4種類のタイルによって隙間を埋めることができます．これによって得られるタイリングを，その発見者であるロジャー・ペンローズにちなみ，**五角形ペンローズタイリング**と呼びます．

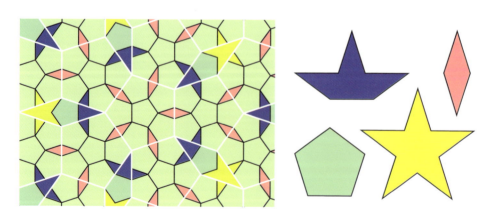

図 14.11：正五角形の隙間を埋める4種類のタイル

五角形ペンローズタイリングは，黄金三角形タイリングからも作ることができます．2種類の向き付けられた黄金三角形を図 14.12 のように分割し，2 色で塗り分けましょう．この分割を (T_L, F_S) 型の黄金三角形タイリングに適用すれば，五角形ペンローズタイリングが得られます．ここで図 14.12 の青い部分が正五角形タイルを形成し，黄色い部分がその他 3 つのタイルを形成します．

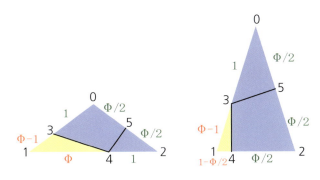

図 14.12：黄金三角形の分割

　このコーディングには，黄金三角形の再帰的な分割（コード 14.1）での，`goldenDivision` 関数呼び出しを `pentDivision` 関数（コード 14.11）呼び出しに書き換えます．

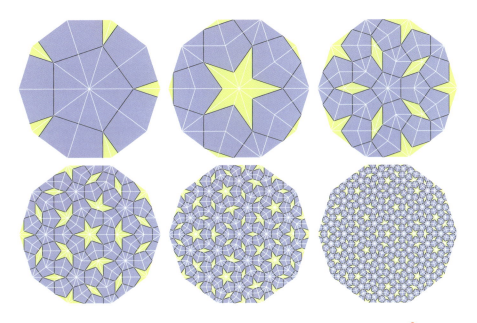

図 14.13：黄金三角形タイリングから得られる五角形ペンローズタイリング（PenroseTiling）

コード 14.11：五角形と星によって分割する関数　　PenroseTiling

```
1   void pentDivision(){
2     background(1, 0, 1);
3     translate(width / 2, height / 2);
4     ArrayList<Tri> nextT = new ArrayList<Tri>();
5     ArrayList<Tri> nextF = new ArrayList<Tri>();
6     for (Tri t : listT){
7       t.drawPentT(col[0], col[1]); //col[0] が五角形，col[1] が星の色
8       t.divThinS(nextT, nextF);
9     }
10    for (Tri t : listF){
11      t.drawPentF(col[0], col[1]);
12      t.divFatL(nextT, nextF);
13    }
14    listT = nextT;
15    listF = nextF;
16  }
```

14.2.3　ペンローズタイリングの仲間たち

ペンローズタイリングと呼ばれる準周期タイリングには，他にも 2 種類のタイリングがあります．五角形ペンローズタイリングが黄金三角形タイリングから得られたように，これらも黄金三角形タイリングから作ることができます．

■ ひし形タイリング

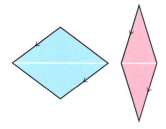

(T_S, F_L) 型の黄金三角形タイリングから，各三角形の底辺の線分を取り除き，隣接する三角形とつなげ合わせると図 14.14 のように 2 種類のひし形ができます．これによって 2 種類のひし形によるタイリングができます．

図 14.14：ひし形タイル

■ カイト&ダートタイリング

(T_L, F_S) 型の黄金三角形タイリングを図 14.15 のように斜辺の 1 つを取り除き，隣接する三角形とつなげ合わせるとカイト（洋風の凧，凸形）とダート（ダーツで使う矢の尾，凹形）に似た 2 つの四角形ができます．これによってカイトとダートによるタイリングができます．

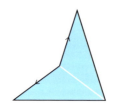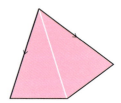

図 14.15：カイト&ダートタイル

それぞれコーディングには分割で rhombDivision 関数, kiteDartDivision 関数を使います. 実はこの章で登場した二種類の黄金三角形タイリング, および三種類のペンローズタイリングは数学的に同じものであり[*2], 1つのタイリングから他のタイリングを作ることが可能です.

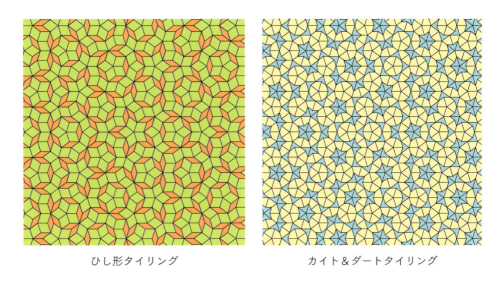

　　　　ひし形タイリング　　　　　　　　カイト＆ダートタイリング

図 14.16：ペンローズタイリングのバリエーション（PenroseTiling）

> **註 25 ［グリッド法によるタイリング］** この章ではペンローズタイリングを再帰的な方法によって構成しましたが, 他の方法からも構成することが可能です. グリッド法と呼ばれる方法を使えば, 平行に引いた罫線をうまくずらして重ね合わせ, そこから双対タイリングを取ればひし形ペンローズタイリングが得られます. この方法を使えば, 罫線の取り方とずらし方を変えて, 無限にひし形準周期タイリングを作ることができます. これは CPS（註 24 参照）の一種であり, 高次元の空間からの射影と見なすことができます. 詳しくは［BG1, §7.5.2］参照.

[*2] この 5 つのタイリングは "mutually locally derivative" と呼ばれる同値関係によってつながっています. ［BG1, Theorem 6.1］

参考文献

　本書で参照した文献，書く上で参考にした文献，およびさらに進んだ内容に進むための文献を記載します．ここに挙げたものは出版されたものに限っていますが，ネット上にも多くの優れたウェブサイトやブログ，解説記事があることを付け加えておきます．

　Processingに関して，初心者向けとしては［RF］，ジェネラティブアートの基本的な考え方と実践については［Pe］，グラフィックデザインへの数多くの応用例については［BGLL］，数学や物理モデルの実装としては［Sh］が定番です．［Sh］は内容がやや高度ですが，本書と内容も近く，物理的な方面に興味がある読者にお薦めです（著者のシフマンさんはProcessing関連のおもしろ解説動画をたくさん公開しています）．建築設計におけるデジタルデザインの思想は，導入部で言及したもの以外では［Ca, T］に詳しく書かれています．

　［SR, Ch, Y］はプログラマが書いた数学とプログラミングの関わりについての本であり，本書第I部と共通する内容を扱っています．［SR］はジェネリックプログラミングと呼ばれる，一般化されたコーディングについての本ですが，その背景にある数学史についても言及されています．本書の連分数に関する議論は［Ki］を主に参考にしました．

　セルオートマトン，および複雑系については，［IF］にその概観が書かれています．さらにより進んだ内容として，セルオートマトンについては［Sc］，またセルオートマトンを含むALife（人工生命）理論モデルの実装は［OICAM］が参考になるでしょう．

　第II部のタイリングに関して，［HM］では題名の通り数多くの多角形・タイリングに関する例が掲載されています．［Sug］は本書で扱った等面タイリングの構成を，図で分かりやすく解説しています．ただしタイリングの数理をちゃんと理解するには，どうしても群論は避けて通れません．群論を解説した数学書はたくさんありますが，［A］は比較的分かりやすく書かれています．壁紙群に特化したものに関しては［Kaw］，さらに空間の場合を含む結晶群についてのは［Ko, Sun］に書かれています．いずれも数学専攻の学部生レベルの内容です．

　英語の専門書になりますが，本書第II部の内容は［GS］を主に参考にしています．［GS］は平面のタイリングに関する豊富な内容を含んだ，およそ700ページの大著です．本書では［GS］のごく一部を扱ったに過ぎないので，タイリングのさらに深い内容に進みたい読者は，これを理解し実装することを薦めます．準周期タイリングは現在も研究が進行中の分野であり，まだ解明されていないことがたくさんあります．準周期タイリングの基礎から最前線の研究までは［BG1, BG2］に詳しく書かれているので，意欲的な読者はこれにチャレンジすることを薦めます．

文献一覧

[A] M. A. アームストロング『対称性からの群論入門』（佐藤信哉 訳）丸善出版，2012.

[BF] D. Boswell, T. Foucher『リーダブルコード』（角征典 訳）オライリー・ジャパン，2012.

[BG1] M. Baake and U. Grimm, *Aperiodic Order: Volume 1*, Cambridge University Press, 2013.

[BG2] M. Baake and U. Grimm（ed）, *Aperiodic Order: Volume 2*, Cambridge University Press, 2017.

[BGLL] H. Bohnacker, B. Gross, J. Laub 著，C. Lazzeroni 編『Generative Design』（安藤幸央・杉本達應・澤村正樹 訳）BNN 新社，2016.

[Ca] M. カルポ『アルファベット そして アルゴリズム』（美濃部幸郎 訳）鹿島出版会，2014.

[Ch] M. C. Chu-Carroll『グッド・マス』（cocoatomo 訳）オーム社，2016.

[GS] B. Grünbaum and G. C. Shephard, *Tilings and Patterns: Second Edition*, Dover Publications, 2016.（first edition: 1987）

[H] 彦根愛『手織りと手紡ぎ』グラフ社，2000.

[HM] 細矢治夫・宮崎興二 編『多角形百科』丸善出版，2015.

[IF] 井庭崇・福原義久『複雑系入門』NTT 出版，1998.

[Kap] C. S. Kaplan, *Introductory Tiling Theory for Computer Graphics*, Morgan and Claypool Publishers, 2009.

[Kat] 加藤文元『数学の想像力』筑摩書房，2013.

[Kaw] 川崎徹郎『文様の幾何学』牧野書店，2014.

[Ki] 木村俊一『連分数のふしぎ』講談社，2012.

[Kik] 菊竹清則『［復刻版］代謝建築論』彰国社，2008.（原著：1969）

[Ko] 河野俊丈『結晶群』共立出版，2015.

[L] M. リヴィオ『黄金比はすべてを美しくするか？』早川書房，2012.

[M] 松川昌平「設計プロセス進化論」（『設計の設計』p.213-286）INAX 出版，2011.

[Na] 中村滋『フィボナッチ数の小宇宙』日本評論社，2002.

[Ni] 西垣通『AI 原論』講談社，2018.

[OICAM] 岡瑞起，池上高志，ドミニク・チェン，青木竜太，丸山典宏『作って動かす ALife』オライリージャパン，2018.

[Pe] M. ピアソン『ジェネラティブ・アート』（久保田晃弘 監訳，沖啓介 訳）BNN 新社，2012.

[Pi] C. ピックオーバー『ビジュアル数学全史』（根上生也・水原文 訳）岩波書店，2017.

[PL]　　P. Prusinkiewicz and A. Lindenmayer, *The Algorithmic Beauty of Plants*, Springer, 1996.（http://algorithmicbotany.org/）

[RF]　　C. Reas, B. Fry『Processing をはじめよう第 2 版』（船田巧 訳）オライリージャパン，2016.

[Sh]　　D. シフマン『Nature of Code』（尼岡利崇 監修）ボーンデジタル, 2014.（英語版 :https://natureofcode.com/）

[Sug]　杉原厚吉『タイリング描法の基本テクニック』誠文堂新光社，2009.

[Sun]　砂田利一『ダイヤモンドはなぜ美しい？』丸善出版，2012.

[Sc]　　J. L. Schiff『セルオートマトン』（梅尾博司・F. Peper 監訳，足立進・礒川悌次郎・今井克暢・小松崎俊彦・李佳 訳）共立出版，2011.

[SR]　　A. A. Stepanov, D. E. Rose『その数式、プログラムできますか？』（株式会社クイープ 訳）翔泳社，2015.

[T]　　K. テルジディス『アルゴリズミック・アーキテクチュア』（田中浩也 監訳，荒岡紀子・重村珠穂・松川昌平 訳）彰国社，2010.

[Y]　　結城浩『プログラマの数学第 2 版』SB クリエイティブ，2018.

課題の略解またはヒント

1.1 (1) $9 \div 6 = 1 \cdots 3 \to 6 \div 3 = 2$ ∴ 3
    (2) $15 \div 6 = 2 \cdots 3 \to 6 \div 3 = 2$ ∴ 3
    (3) $21 \div 17 = 1 \cdots 4 \to 17 \div 4 = 4 \cdots 1$ ∴ 1
    (4) $20 \div 18 = 1 \cdots 2 \to 18 \div 2 = 9$ ∴ 2

1.3 コード 1.8 で divSquare 関数を divRect 関数に置き換える

2.2 (1) $1 + \frac{1}{3+\frac{1}{2}} = 1 + \frac{1}{\frac{7}{2}} = \frac{9}{7}$

(2) $1 + \frac{1}{2+\frac{1}{3+\frac{1}{4}}} = 1 + \frac{1}{2+\frac{1}{\frac{13}{4}}} = 1 + \frac{1}{2+\frac{4}{13}} = 1 + \frac{1}{\frac{30}{13}} = \frac{43}{30}$

(3) $[a; b, c]$ の逆数は $[0; a, b, c]$ となることから，$[0; 1, 2, 3, 4] = \frac{1}{[1;2,3,4]} = \frac{30}{43}$

2.3 $\sqrt{N} = \frac{b}{a}$ として矛盾を導き，背理法で示す．

2.4 例えばイジィ・マトウシェク著『33 の素敵な数学小景』(日本評論社) ミニチュア 12 にその証明があるが，初等的ではない．

2.5 (1) $x = 3 + \frac{1}{x}$ ∴ $x^2 - 3x - 1 = 0$

(2) $x = 1 + \frac{1}{2+\frac{1}{x}}$ ∴ $2x^2 - 2x - 1 = 0$

(3) $[0; 1, \overline{2}] = \frac{1}{[1;\overline{2}]} = \frac{1}{\sqrt{2}}$ ∴ $x^2 - \frac{1}{2} = 0$

2.6 $\sqrt{3} = [1; \overline{1, 2}]$

2.7 $3 + \frac{1}{6} = 3.1666\cdots$，$3 + \frac{1}{6+\frac{3^2}{6}} = 3.1333\cdots$，$3 + \frac{1}{6+\frac{3^2}{6+\frac{5^2}{6}}} = 3.1452\cdots$

2.8 A_{2n} の面積は $(2-\sqrt{3})^{2n}$，A_{2n+1} の面積は $(\sqrt{3}-1)^2(2-\sqrt{3})^{2n}$．この和を使って長方形の面積を表す．

2.9 各長方形の長辺と短辺の比は黄金比で，長辺および短辺の長さは黄金数の逆数のべき．

3.2 $[a; \overline{b, a}]$ に収束する．これは $bx^2 - abx - a = 0$ の正の解である．

3.3 α に収束するとすれば，$\alpha = \sqrt{1+\alpha}$ が成り立つ．これを満たす α は黄金数である．

3.4 $[2; \overline{2}]$

3.5 $[ab; \overline{b, ab}]$

4.1 $\angle HAO = \angle HEO = 45°$，AO と EH の交点を I とすると $\angle AIH = \angle EIO$ であることより従う．

4.4 $\angle O_1O_2E_1 = \angle O_2O_3E_2$ を示し，正弦定理を使って，3 つの角が等しいことを示す．

5.1 $4/17 = [0; 4, 4]$, $17/72 = [0; 4, 4, 4]$, $72/305 = [0; 4, 4, 4, 4]$, $33/109 = [0; 3, 3, 3, 3]$, $109/360 = [0; 3, 3, 3, 3, 3]$．図 5.9 の放射線の本数がそれぞれ 17 本，72 本．図 5.10 の放射線の本数が 109 本．

6.1 (1) 3 (2) 5 (3) 3 (4) 4 (5) 4

6.2　(1) 0　　(2) 6　　(3) 1　　(4) 1

6.3　(1) 4　　(2) 5　　(3) 2　　(4) 3　　(5) 6

7.2　$d = a+c$: [01011010]　$d = a+b$: [00111100]　$d = b+c$: [01100110]
　　$d = a+b+c+1$: [01101001]

7.3　$3^{3^3} = 3^{27} = 7625597484987$ 通り

7.4　参考文献：[Sc] 第 4 章

8.1　(1) ×　　(2) ×　　(3) ○　　(4) ○

8.2　G, J, L, P, Q, R

9.1　e のみからなる群，C_2 と同型な群，C_3 と同型な群，および C_6 そのものに限られる．

10.1　自然数 $n \geqq 3$ に対し，正 n 角形の頂点の角は $(n-2)\pi/n$ より，$(n-2)m\pi/n = 2\pi$ を満たす自然数 m が $n = 3, 4, 6$ の場合を除き存在しないことを示す．

11.1　参考文献：[Sug] 第 3 章 IH52 タイリング

12.1〜12.4, 13.5：ピンクはすべり鏡映，緑は $120°$ 回転，青は $180°$ 回転の軸を表す．

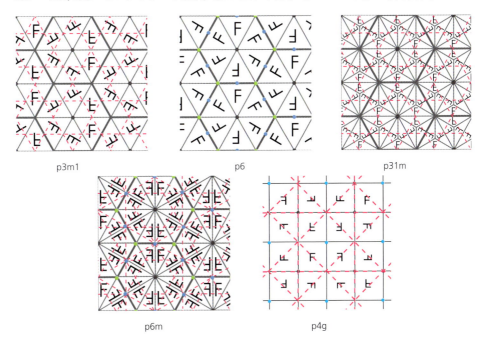

13.1, 13.4　三角関数の定義，三角形の相似をうまくつかう

13.2　$|v_{04}| : |v_{07}| = 1 : \sqrt{3}$ のとき正三角形をなす

13.3　2 つの角が $90°$，2 つの角が $180° - \theta$，1 つの角が 2θ

13.6　各頂点に正十二角形が 2 個，正三角形が 1 個集まっている．正十二角形と正三角形による半正則タイリング．

14.3　元の正五角形の 1 辺の長さを 1，縮小された正五角形の 1 辺の長さを x とすれば，$\phi = x + 2x\phi = (1 + 2\phi)x$ が成り立つ．

あ と が き

　本書はSNSでの著者のつぶやきをきっかけに、技術評論社の佐藤丈樹さんから声をかけていただき、実現しました。内容は著者が専修大学で行った非理工系学生向けの講義、および雑誌『数理科学』（サイエンス社）の表紙CG作成のアイデアをもとにしていますが、多くのプログラムや作例はこの本のためにつくられたものです。執筆にあたって、佐藤さんには私の要望(わがまま)に数多く応えていただきました。この場を借りて、感謝を申し上げます。

　本書の文章とコードのレビューには、堀川淳一郎さん、三浦真人さんに協力していただきました。有益なコメントをいただき、感謝しております。また本書の織りに関する部分、およびその布地制作には、藤野華子さんにご協力いただきました。数学とコンピュータのオタクのための本になるはずだった本書に、工芸的な視点が入ることによって、新たな息吹を与えることができました。

　ところで、ちょうどこの本の執筆を始めた頃、著者には第一子となる娘が生まれました。この本の執筆の思い出は、赤ん坊の子育てとともにあります。娘の未来にこの本を捧げます。

平成最後の春に

巴山竜来

著 者 略 歴

巴山 竜来（はやま たつき）

専修大学経営学部准教授。博士（理学）。専門は数学（とくに複素幾何学）、および数学に関する視覚表現の実践。1982年奈良県生まれ。2010年大阪大学大学院修了後、パリ大学、国立台湾大学、清華大学でのポスドク研究員等を経て現職。2016年より雑誌『数理科学』（サイエンス社）の表紙CGを担当。

索引

Processingコード関連

append	88
beginRecord … endRecord	57
beginShape … endShape	122
color	52
colorMode	52
controlP5ライブラリ	65
draw	64
fill	52
float	55
if … else …	52
int	47
keyPressed	203
map	86
mouseClicked	64
mouseX	71
pow	102
PShapeクラス	202
.addChild	223
createShape()	202
createShape(GROUP)	223
loadShape	202
PVectorクラス	105
.add	105
.mult	105
.sub	105
quadraticVertex	209
random	52
rect	51
save	57
scale	203
setup	58
sqrt	70
vertex	122
void	58
while	49

ギリシャ文字・アルファベット

ϕ →黄金数	
arctan	109
C_n →巡回群	
cos	97
D_2	194
D_3	249
D_4	195
D_5	282
D_6	203
D_n →二面体群	
GUI	29, 65
HSB形式	52
IDE	40
IH01タイリング	238
IH02タイリング	239
IH41タイリング	235
IH90タイリング	257
mod →法	
p31mパターン	253
p3m1パターン	249
p3パターン	250
p4gパターン	273
p4mパターン	198
p6mパターン	258
p6パターン	256
pggパターン	233
pmmパターン	198
RGB形式	52
sin	97
tan	109

TV08変形 233

ア行

アルゴリズム 30
インスタンス 279
エッシャー 234
演算子 47
オイラーの定理 137
黄金
　―数 74
　―長方形 74
　―比 74
　―分割 74
　―らせん 112
黄金三角形 277
　―によるタイリング 281
織り機 181

カ行

階乗 144
回転 191
カイロタイリング 271
壁紙群 249
加法表（合同算術の） 132
関数 47
　―の定義 58
　―の引数 58
　―の戻り値 58
完全組織 196
基本領域 206
逆元
　（群における） 194
　（合同算術における） 134
鏡映 135, 191

行列 154
　―のかけ算 186
　―の行 153
　―の成分 154
　―の列 153
極座標表示 97
許容誤差 56
近似分数 87
クラス 65, 279
群 194
　生成される― 195
格子 199
　―点 199
　張られる― 217
合同（整数の） 129
　―算術 131
　―式 129
恒等変換 194
合同変換 191
合同変換群 194, 233
合成（変換の） 193
コーディング 41
コード 41
コッホ
　―曲線 241
　―タイリング 244
コンストラクタ 279

サ行

再帰 57, 61
最大公約数 48
ジェネラティブアート 32
シェルピンスキーのギャスケット 146
しきい値 62

自己相似性	72		双対性(タイリングの)	216
指数	100		組織図	182, 188
―関数	100			

タ行

自然数	47
実数	55
実装	38
周期性	199
周期タイリング	260
収束	80
巡回群	204
循環連分数	72
準周期タイリング	276
乗法表(合同算術の)	132
スカラー	104
すべり鏡映	233
制御点(ベジエ曲線の)	208
正三角形タイリング	222
整数	47
正則タイリング	215
正方形タイリング	218
正方格子	217
正六角形	
―セルオートマトン	224
―タイリング	220
セル	144
セルオートマトン	146
1次元―	146
2次元―	152
確率的―	149
基本―	150
遷移	142, 147
漸化式	84
―の初期値	84
総和則(による遷移)	152
綜絖	181

対称行列	187
対称性	191
対数	100
―関数	100
―らせん	99
代表元(合同な数の)	132
タイリング	215
互いに素	134
多項式	141
タテ糸・ヨコ糸	181
単位元	194
チェイン	266
点群	249
転置(行列の)	187
動径	97
同型(群の)	204
等比級数	81
等比数列	81
―の公比	81
―の初項	81
等面タイリング	233

ナ行

二項係数	141
二面体群	207

ハ行

- 配列 ... 88
- パスカル
  - —の三角形 ... 141
  - —の法則 ... 142
- パラメータ ... 33
- 半正則タイリング ... 268
- ひし形タイリング ... 274
- ピタゴラスタイリング ... 261
  - 黄金— ... 266
- フィボナッチ
  - —数列 ... 87
  - —チェイン ... 267
  - —長方形 ... 90
  - —分割 ... 90
  - —らせん ... 95
  - —ワード ... 266
- フェルマーの小定理 ... 138
- フェルマーらせん ... 99
  - —の世代 ... 118
  - —の離散化 ... 117
- 部分群 ... 204
- 踏み木 ... 181
- フラクタル ... 146
- プログラミング言語 ... 30
- べき ... 100
- べき乗法表(合同算術の) ... 136
- ベクター形式(画像の) ... 57
- ベクトル ... 104
  - 位置— ... 104
- ベジエ曲線 ... 208
  - 2次— ... 208
  - 3次— ... 210
  - 高次— ... 211
- 偏角 ... 97
- 変数 ... 47
  - グローバル— ... 60
  - メンバ— ... 279
  - ローカル— ... 60
- ペンローズタイリング ... 281
  - カイト&ダート— ... 288
  - 五角形— ... 286
  - ひし形— ... 288
- 法(合同関係における) ... 129

マ行

- 無限級数 ... 80
- 無理数 ... 70
- メソッド ... 105, 279
- モンドリアン ... 76

ヤ行

- 約数 ... 48
- ユークリッド互除法 ... 48
- 有理数 ... 55
- 寄木細工 ... 201

ラ行

- ラーベスタイリング ... 268
- ライブラリ ... 43
- ラジアン ... 97
- ラスター形式 ... 57
- リスト ... 282
- 連分数 ... 69
  - —近似 ... 121
  - —展開 ... 73
- 六角格子 ... 217